ミナを着て旅に出よう

皆川　明

文藝春秋

ミナを着て旅に出よう　目次

序文

松浦弥太郎

5年前、ブリュッセルへ旅したことがあります。古い絵本を探そうと思い、本屋を覗くたびにそこで働く人たちに、絵本を扱っている古本屋はどこかにありませんか、と聞いてまわったら、だいたいのところ「この街は本屋だらけだよ」と笑われてしまいました。だけど、僕が見つけたい絵本はただ古いだけでなく、その時代の新しさを発散していて、しかも、クラシカルなものも体現している、そんな絵本を扱っている古本屋を知りたかったのです。確かにそのニュアンスを伝えるのはむつかしい。でも、ブリュッセルにはあると思ったのです。目抜き通りに小さく構える一軒の古本屋がありました。ちょこっと雑貨やレコードも置いてありました。そこで働く黄色い髪の毛をした青年に、僕は同じように、「絵本を扱っている古本屋は知らないかい」、と聞いたら、ちょっと考えて、「君が探しているのはこういう絵本のこと?」、そう言いながら一冊の絵本を見せてくれました。それは写真とイラストで子供に刺しゅうを教える絵本でした。刺しゅうというクラシカルな楽しみで、その絵本が出版された70年代のヨーロッパ特有の色とグラフィックな絵柄を作っていくという一冊です。まさに僕が手にしたかった絵本でした。「こういう絵本は僕も好き。でも、本屋でたくさん探すのは大変かも」と彼は言いました。「たくさん欲しくはないんだ。そんな本が売ってそうな古本屋に行きたいの」。僕がこう言うと、「それなら、ここから地下鉄で三つ先にある駅で下りて、すぐ近くにある古本屋がいいよ」。彼は親切に地図を書いて僕に渡してくれました。僕は馴れないブリュッセルの地下鉄に乗って、彼の教える古本屋に向かいました。しかし、いくら歩き回っても、その古本屋は見当たりません。しまいには自分がどこをどう歩いているのかさえわからなくなってしまいました。街はあっという間に夕方になってしまいました。お腹が空いた僕はスタンドで売っていたワッフルを買いました。チョコレートがたくさんかかったワッフルです。その甘い美味しさは、もう絵本なんてどうでもいいやと思えるくらいの美味しさでした。カランコロンと近くの教会で鳴った鐘の音の美しさにもびっくりしたのでした。

皆川さんと、この話はなんの関係もないけれど、皆川さんのことを思っていて、ふと浮かんだ旅の記憶でした。

実を言うと、僕はミナの服が着たいなと思うのです。メンズは皆川さんが自分で着る用のセーターを少しだけ作るくらいらしく、ほんの少しだけ店に並ぶそうです。いじわるな友人は言いました、「うーん、似合わないかも」。いや、でもちょっと聞いてもらいたい。例えば、そのセーター。ブリュッセルとはいわずとも、サンフランシスコの一階が古本屋で、上がホテルになっている安宿あたりで、1週間くらい寝ても覚めても着たままで過ごしてみたら、いい感じに毛玉ができあがって、自分の体のかたちに沿うように伸び切って、ドーナツのカスや、芝生の芝がいつまでもくっついているような感じになってさ、いいと思うのです。旅先で知らない土地の風の匂いを一緒に知りあえるように身にまとう。で、青い空が広がった日、小高い丘の上あたりで遠い遠い景色をぼんやり眺めれば、皆川さんが、昔マラソンの選手だったとか、初めてヨーロッパに行った話とか、水泳のバサロスタートが好きだとか、実はクルマ博士だとか、そんないろいろを思い出して、笑ったり、うなずいたり、感心したりと、それもなんとなくいいなあと思うのです。

皆川さんを思うと、どうしてこうやって旅のことばかりを思うのだろう。それはきっと皆川さんが作るミナが、旅の時間を感じさせるものばかりだから。

だから僕は思う、ミナを着て旅に出よう、と。

ミナを着て旅に出よう

——ミナが生まれるまで

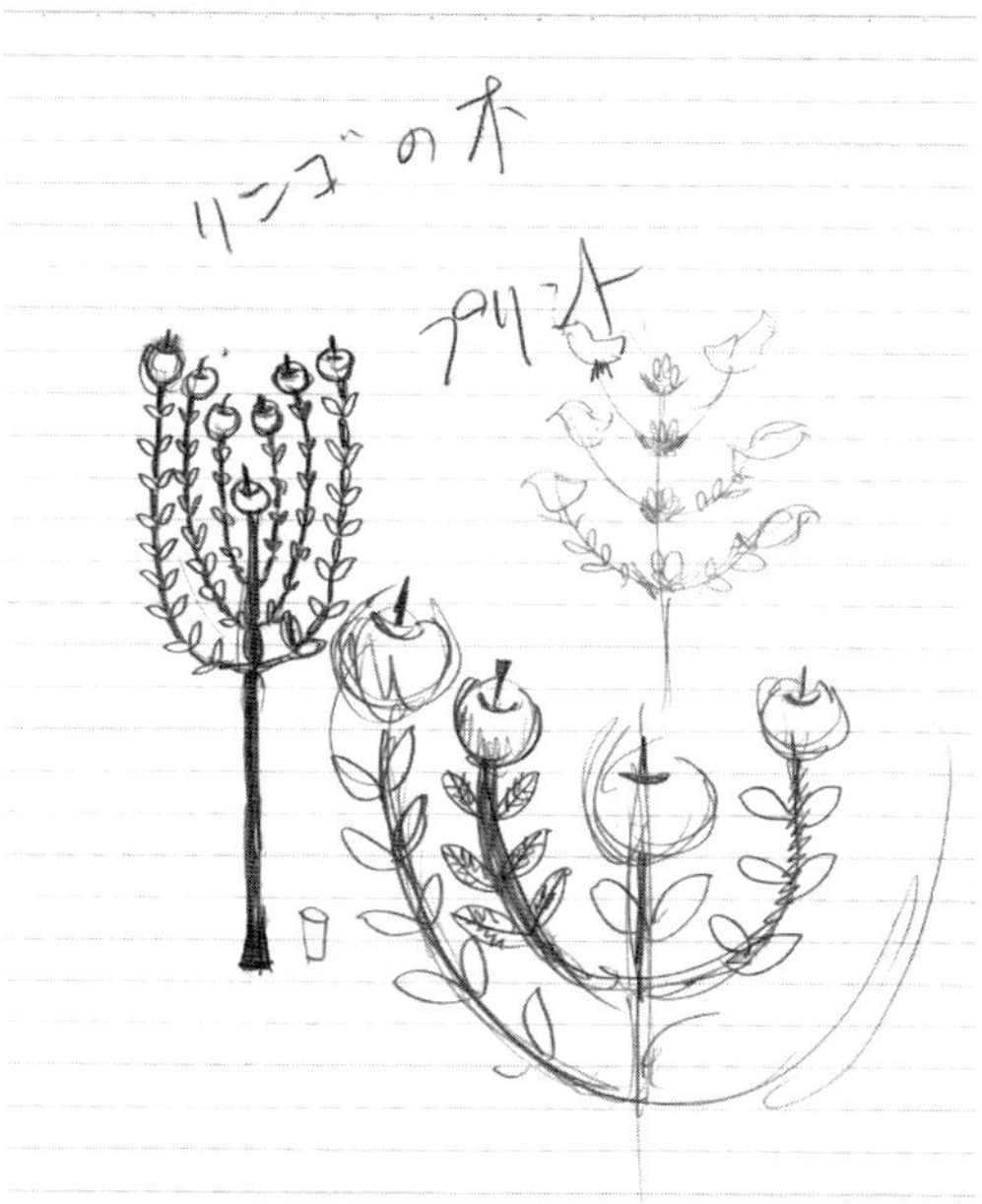

ringoのスケッチ

長距離選手の挫折と新たな展望

僕は中学校から高校の間、陸上に夢中な学生時代を過ごしました。体育大学に進学をすることを念頭に置いて、そういう練習をずっと重ねている長距離走の選手だったんです。もともと身体がそんなに大きいほうではなかったので、とにかくもっと身体が成長してからいい成績が出せればいいかな、という気持ちで練習をしていましたね。中学のときは「高校に行って大きくなったら、もっと早くなるように練習をしよう」と思っていて、高校に入ったら、「大学でもっと速く走れるようになればいいいな」と。最終的に20代後半くらいでマラソンを走れるようになりたい、なんて、結構のんびりしたことを考えながら、毎日走ってました。今、その瞬間よりも、将来やりたいことを考えて計画するというやり方が、自分には合っているかな、とは、当時から思ってたみたいです。でも、だからといって、綿密に先のことを計算して計画を立てるっていうタイプではなく、まあのんびりと先を見ながら走る、そんな感じです。

ところが高校3年のときに骨折をしてしまい、体育大学への進学を諦めざるを得ない状況になってしまって、急に目の前の道がなくなってしまった。他の進路を全然考えていなかったし、ましてや受験までもう時間もないから、卒業後の1年目にやることがなにもなくなってしまった。陸上という、ライフワークのように長く続けてきたものがいきなりなくなったという状況は、当時の僕にとってはとても大きな出来事でした。でも特別に落ち込んだということはなかったと思います。その前から陸上を続けていくうえでの将来の不安みたいなものも、本当は自分の心のなかにもあったといえばあったので。漠然とした将来のイメージとして、やっぱり体育大学に行ったら最終的には指導者になるのかなあ、走っていても30歳くらいで引退して、そのあとは体育の先生か、陸上部のコーチかあ……。そうなると、体育大学に入学してから正味10年強しか実質走ることはできない、別に自分は学校の先生になりたいわけじゃないし。などと考えている間に、意外とさっぱり断ち切れましたね。まあ、スーパースター的に速かったらもっと落ち込んだと思うのですが、自分は体育大学に行ってからが勝負だと勝手に思っていたし、その前の挫折だったので、すぐ次に目を向けることができました。

陸上が終わってから、じゃあ次はなにを長く続けようかなと思い、それを見つけようと思ったのですが、現実的にはとりあえず本当にやることがなくなってしまったので、旅行に行ってみようかなと長期間ヨーロッパに出かけました。それが自分にとっての初めての海外旅行です。最初に訪れたのはフランス。なぜフランスに行ったかというと、パリに「ボザール」という美術学校があるんですが、それが漠然と気になっていて、そこを見たくてまずはフランスを選んだのかもしれません。実は、陸上をやりながらも絵にはずっと興味があって、趣味として描いていたんです。小さい頃から得意科目は体育と美術だったので、もしかしたら僕はすごく右脳人間なのかもしれませんね（笑）。

初めての海外旅行。パリコレでの軽い衝動

親には「ひと月くらい旅行に行ってきます」と言って出かけたんですが、結局数ヶ月、お金が続く限りヨーロッパ内のいろんな国を回りました。月に一度くらいのペースで「まだお金があるから、もう少しこっちにいるよ」と日本には電話を入れつつ、本当はお金は全然ないので、ユーレイルパスを買って、電車をホテル代わりに国を移動する毎日。時刻表を見ては夜出て朝着く列車を調べて、じゃあどこに行こうかな、と。当時はヨーロッパ内は物価の差が激しかったので、物価の安いスペインならこの金額で1ヶ月は過ごせる、と思ったらスペインへ行く、というような暮らしをしていました。

ヨーロッパを選んだもう一つの理由は、僕の祖父母がヨーロッパの輸入家具を扱うお店をやっていたことも影響があるのかもしれません。扱っていたのは、王朝風な、今となっては少々派手な家具ではあったのですが、幼い頃からそこでいろいろデザインを見ていて、ヨーロッパは国ごとに違うスタイルを持っているな、という

実感がありました。そういうものをたくさん見てみたい、という気持ちもあったのかもしれません。

最初に行ったフランスでは、ベルサイユにホームステイをしながら、少しはフランス語を身につけようと1ヶ月半ほどフランス語の語学学校に通いました。そこで、同じく語学留学をしていた日本人の女性に出会うんですが、その女性は以前日本でアパレルに勤めていた方で、パリコレクションのバックステージのアルバイトをすると言っていたんですね。それで、なんかおもしろそうだから僕もやりたいとお願いして、とあるメゾンのショーのお手伝いをしたんです。当日はモデルに服を着せたり、着せたうえで服のラインを修正するとか、そんな雑用だったんですが、自分にとってはなにもかもが初体験で、すごく一生懸命手伝った記憶があります。極端な話、針を持つのも初めてだったと思いますね。ショーが始まったのをバックヤードから見ているときに、洋服を作ることっておもしろそうな世界だなあ、という軽い衝動が自分のなかで湧いてきた。今思えば、それが洋服作りを志したスタート地点です。ものを作るということを自分がやっていくのはおもしろそうだな、と。

そのヨーロッパ旅行は本当に楽しくて、たぶんそういう気持ちのピークが来たのが、パリコレのショーを手伝ったときだったと思います。その旅で経験した楽しさが、自分が洋服を作ることに繋がるのかなと、どこかで感じ取ったのかもしれません。もうその頃には、美術学校に行きたくてフランスに来たことなんてすっかり忘れて、洋服の学校に入るんだ、という気持ちになってました。

文化服装学院の夜間部に入学。不器用な自分の発見

パリコレのあともしばらくヨーロッパを旅行して、翌年の4月に服作りを学ぶために、文化服装学院の夜間部に入学して、同時に昼間は縫製工場でアルバイトを始めました。夜間部なので、昼間は仕事をしている人がほとんどで、洋服屋をやっている人もいたし、違う仕事をしている人や大学生なんかもいましたね。通い始めて最初に気づいたことは、自分は意外に洋服作りに対しての理解力が低く、なおかつ不器用だということ（笑）。だから、学校も工場も、楽しいなんていうところとはほど遠い感じでしたよ。やりたかった服作りを学んでいるんだ、というような喜びも特にはなかった。縫製工場では僕は裁断のコーナーに配属されて、毎日毎日布を

カットするだけ。正直言ってそれほど楽しくなかったんだけれど、どこかで自分としては、長く続けられることってきっと初期段階はこんなふうに淡々としているんだろうなって思っていたので、焦る気持ちも野心もなく淡々と毎日を過ごしていました。

たぶん今でもそうですが、当時の学校全体の空気として、コンテストに入賞して、有名ブランドに入って服を作るというのが良しとされていたので、学生はみんなそういうエリートコースに憧れている風潮はありました。そんななかで、学校へ行けば友達が上手に服を縫っていたり、完成した服がキレイだったりするのに、自分はなんだかうまくできない。おまけに昼間は縫製工場で毎日同じ作業ばっかりやっている。もうその時点で、「なんか取り残されちゃったなあ」という感じはあったんですが、逆に気が楽でしたね。文化服装学院に入ったごく初期の段階で、こんなに何千人もいる学生が、卒業してすぐデザイナーになんてなれるはずがないと思ってしまったので、僕は最初から淡い夢を持たなかった。だからそのエリートコース信奉に惑わされることもなかったんです。僕は不器用だからこそ、あまり早く服の作り方を習得するのはどこか怖いという気持ちがあって、極端に言えば、10年後に洋服が作れるようになっていればいいかなっていうくらいの気持ちでやってました。例えば陸上でいうと、小さいときにウエイトトレーニングをしてしまうと、将来伸びるはずの身長が伸びなくなってしまうということがある。それと同じで、洋服をきちんと理解していないうちにいろいろやってしまうと、そのあとの成長に問題が出てくるかもしれない。気長にずっとやっていれば、いつかきっと覚えられるだろうと思ってました。

学校はすごく好きな場所だったんですけれど、いかんせん、洋服を作るのがあまりうまくなかったので、僕は課題の服もほとんど作らなかったような学生でした。

文化服装学院には年に一度ファッションショーがあって、夜学の学生も独自でショーを企画していました。僕は授業にはほとんど出ていないのに、ショー委員会のメンバーになったりして、友達は多かったですね。授業は6時からで、ショー委員会は8時半から始まるんだけど、僕は授業に出ないから、8時半に登校するんです。そうすると、教室の前で担任に会ったりするので、わざと違うルートを通ったりして、小言を言われないようにしてましたね。当時は夜学のショーには学校はいっさいお金を出してくれなかったので、自腹で負担するか、自分たちでスポンサーを探さないと開催できないという事情がありました。そういうハードルを越えてまでショーをやりたいっていう人しか委員会には来ないから、むしろやる気のある人ばかりで、すごく盛り上がった。僕はそういう盛り上がったところでなにかを作ったりするのが好きでしたから、そういう意味では学校は大好きでした。でも課題を出さないから、良い生徒じゃなかったかもしれないです（笑）。おまけに前の年に旅行に行ったことで旅好きになってしまい、平気で1ヶ月とか2ヶ月とか、学校を休んで旅行に出かけることが多くて。ある日、旅行から帰ってきたら、学校が、「そんなに課題を出さないなら、もう除籍にしますよ！」と言ってきました。学校に行けないのは辛いから、なんとかお願いして、それは回避することができましたが、あのときは胸をなで下ろしましたね。

卒業のときもまた大変で、実は僕は卒業式に出てないんですよ。文化の卒業式は、自分で作った卒業課題の服を着て出席しなくてはいけないんだけど、僕はそれが間に合わなかったんです（笑）。

卒業後の選択と生地から洋服を作って売る勉強

なんとか無事に文化は卒業できたんですが、特に就職活動はせず、引き続き縫製工場でアルバイトをしてました。デザイナーズブランドやメーカーに入ろうという気が起きなかったのは、そういうところに所属をしてデザインをするということは、今あるファッションの流れと同じ服を作る一人になってしまうし、僕としてはそれにはあまり興味がなかったんです。もっと違うものを提案したかったし、作りたかったので、そういう選択はしませんでした。

その後、オーダーメイドで服を作るような小さなメゾンでもアルバイトをして、さらにもう一つ、3人くらいの小さなアパレルで、パタンナーとして働きました。そのアパレルとの出会いも不思議なんです。オーダーメイドのメゾンで働いているときに、顧客の家に仮縫いや採寸に出かけて行くのですが、たまたま時間が余って、お客さんの家のそばにあったクラフトのギャラリーに立ち寄って、芳名帳を書いたあとにそこのオーナーと少しだけ世間話をしたんです。たぶん、自分は今、洋服作りを勉強していて、そういうところで働いているというようなことを、少ししゃべったんだと思います。数日後、そこのオーナーから、「近所の小さなアパレル会社で、パターンを引ける人を募集しているんだけど、よかったら手伝いに行ってみない？」というお電話を頂いたんですね。今思えば、当時の僕の実力からするとすごく未熟ではあったんですけど、手伝いに行くことにしたんです。特別な意志がなにかあったわけではないんですが、僕自身、どこかでそういう縁なのかなと思うところもあって。

そのアパレルは、本当に規模が小さいところだったんですが、生地から自分たちでオリジナルを作って、それを洋服に仕立てて、ギャラリー・スペースのようなところを借りて売るというような感じで活動していました。とにかく人が少ないですから、納品に行ったり、生地の発注をしたり、さらには営業までと、一人で何役もこなさなくてはならなかった。だからこそ、〝生地から洋服を作って売る〟ということの全体像を勉強することができたと思いますね。さらに、生地を作るすばらしさは、そこで働いたことで気づいたことの一つです。結局そこで3年ほど働かせてもらって、そろそろ一人でもできるかもしれないという気持ちになり、自分で洋服を作ってみようと思い立ちました。それが27歳の夏です。

最初に洋服を作りたいと思ったとき、30歳くらいでちゃんと作れるようになっていたらいいなあと思っていたので、計画より少しだけ早いスタートでした。思い立ってちょうど10年くらいです。27歳でミナをスタートさせました。

初期のミナで確信した長く続けていく心得

ミナを始めて半年くらいは僕一人だったんですが、半年経ったあたりで、今のプレス兼デザイナーの長江青《あおい》が手伝いに来てくれるようになりました。昼すぎに「今日はなんの仕事ですか?」って長江が来るんだけど、「今日はこのTシャツを一枚、このお店に送ろう」とか、最初はそんな感じだったんです。でもあんまり焦りはなくて、マイペースで基本的に慎重な僕としては、そんなに最初からすべてがうまくいくはずはないから、あまり多くは期待せず、地道にアルバイトと平行しながらやっていこうと思っていました。なんでもそうなんですが、長く続けていけることは絶対最初からうまくいかないだろうと思っているところが自分にあって、それも楽しみの一つなんです。自分の記憶のどこかに、小さい頃、砂の団子がなかなかうまく作れなかったんだけど、ずっとやっているうちにいつの間にかできるようになったっていう喜びが残っているんです。途中で諦めずに続けていれば、いつかはきっとできるようになると思っている。僕は短距離走は本当に遅いんだけど、長距離走なら同じペースでいくらでも長く走れる。それは陸上のことだけれど、他のことをやるときもそれと同じ時間配分で動いているような気がします。とりあえず、3年やって、ミナだけで食べていけるようになりたいという次の目標を漠然と設定してスタートしました。

アルバイトをするといっても、一応はミナというブランドをやっているデザイナーなわけだから、昼間に連絡がつかないのはよくないと思って、午前中に仕事が終わる業種を探していたんです。4時とか5時まで他の仕事をしてたんじゃ、ちょっとまずいだろうと。それで魚市場で働くことになったんですが、これもまたすごく不思議な出会いでした。あるとき僕は布の染め方を勉強したかったので、布を染める染料屋さんで染料を計るバイトをしていたんです。染料は絶対に他の色同士混ざってはいけないので、一色一色、紙に包んで計るんですけれど、そのお店では新聞に挟まれてくる広告を使っていたんです。はかりに乗せて染料を計っていたら、その紙がたまたま求人広告で、「魚市場、朝4時から11時まで」って書いてあった。染め屋のおじさんに、「おやじさん、これ、昼で終わる仕事だよね、これだったらいいよね？」と相談をして、魚市場で働き始めることになったんです。マグロを捌くのが僕の仕事でした。朝4時に築地に行って、競り落とされたマグロを運んで、切って、寿司屋に卸す状態に整える仕事です。毎日何十キロものマグロを運んで、それこそウエイトトレーニングですよね。それで、午後からは知らん顔してミナをやっていたんです（笑）。

いろんな意味で、あの頃はまだまだ不安な気持ちをたくさん抱えていた時期だったと思います。体力的には、僕は陸上をやっていたからそんなに心配はしていなかったんだけど、もしなかなかミナが軌道に乗らないままに30歳を越えてしまったら、そのまま続けていけるかなとか、このまま寿司屋になってしまったらどうしようとか、そういう気持ちがだんだん強くなっていたのは事実でした。体力の限界より早く、ミナだけで食べていけるようにならなくちゃいけないっていうせめぎ合いはありましたね。3年も魚市場で働いていると、マグロの脂の見方なんかもなんとなく分かってきてしまうし、親方も、「おまえに次は任せよう」なんて雰囲気になってくるんです。おまけに意外と仕事も面白くて、気が弱くなってしまったときは、寿司屋になる道を選ぶんだろうなあ、なんて思ったりしました。

ミナのテキスタイルのルーツ

それまでは洋服関係でアルバイトをしていたのに、なぜ突然魚市場なのか、と思うかもしれませんが、あまりに業種が違いすぎて、午後になれば頭がキリッと切り替わるからだったと思います。アルバイトでもし他のブランドのデザインやパターンなどをやっていたら、頭がミナのチャンネルにならないときもあったと思うんです。その点、魚だったら、どんなに疲れていても否が応でも洋服モードになって集中できる。だからあえて、分野が全然違う仕事を選びました。魚市場の人たちに、「実は僕は洋服をやっているので、展示会を開くときだけ抜けさせてください」と言っても、職種があまりにも違いすぎるから、興味がなかったみたいで、「いいよ、いいよ。抜けてもいいけど、俺のはっぴも作ってくれよ」とか、そんなサバサバした反応でしたね。

魚市場で働いて、ミナにとっても勉強になったこともあります。魚や貝の柄ってすごく面白いんですよ。特にアサリは絶対に同じ柄が一つもないんです。アサリを仕分けするときに、それに夢中になって、こっそりいくつか持って帰ったりもしました。魚市場で働きつつも、展示会を開くようにもなり、自分としては「ミナのデザイナーだ」と思っていたので、魚の柄を見ながらもなんとなくデザインのことや、テキスタイルの柄のことを考えていたんでしょうね。確かにミナには魚の柄が多いんですよ。

いよいよ30歳になったとき、ミナで本当に独り立ちができる状況になったので、魚市場をやめました。結果的にその時期は、自分が漠然と描いていた「30歳になったら洋服が作れるようになっていたい」という理想と同じ歳だったんですね。ミナを始めて5年後に初めてのショップができて、スタッフが何人か入って、今に至るまで、少しずつ成長していると思います。

今思えば、30歳って、もし陸上を続けていたら、たぶん先生か指導者になっていた歳だと思うんです。洋服を作ることが僕にとっていちばん向いている職業かどうかは正直言って分からないし、体育の先生になっていたとしても、充実した30歳を迎えていたかもしれない。でもファッションのほうが、より長く続けられると思うから、人生の楽しみとしては、ファッションを選んでよかったと思います。

——デザインをするということ、ものを作るということ

obscureのスケッチ

美大受験のアトリエでの失望

実は、僕は文化服装学院に入学する前に、美術大学に入ることを志したことがありました。もともと絵を描くのが好きだったということもあったので、次の進路として美大でデザインの勉強をするのもいいかなと思って。僕のなかの当時の美大のイメージは、たぶんデザインや絵を描く場所や時間を与えられて、自分なりのペースでそれを追求できる場所だったと思います。それで、とりあえず美大に入るための受験勉強用のアトリエに通うことにしました。そこには受験生がたくさん来ていて、それぞれ絵を描いているんだけど、みんな志望校向けの絵を描いてるんですね。

例えば武蔵野美術大学に行きたい人は武蔵美向けのデッサン、東京芸大に入りたい人は芸大用のデッサンと粘土というように。志望校に入学するための絵を学んでいるというその状況を目にしたときに、正直言って美大に行くことすら、もしかしたら意味がないことなんじゃないかと思い始めてしまったんです。こういうことを学んで入学する人ばかりだったら、アーティストなんていないし、絵を描くテクニックを学ぶことにはなんの意味もないと思って。もちろんそういうことを身につけることなく入学できるような、才能のある人もいるだろうけれど、僕はテクニックを身につけてまで入学したくはなかった。

そのアトリエでは、生徒が描いている絵を先生が講評する時間があって、先生は必ず、〝全体のバランス〟だったり、〝うまいかへたか〟ということに重点を置いて評価を下すんです。〝その人らしい個性的な描き方〟とか〝タッチのニュアンス〟とか、そういうところは決して、評価の対象にならない。絵は絶対にうまいへただけではなくて、それ以外の個性的な部分がたくさんあるはずで、例えばすごく細かいピッチで一つの線をつないでいくタイプの人がいたり、太く力強い線で描いていく人がいたりと、千差万別で、どれが良い悪いってないと思うんです。一人、すごくいい絵を描くなあって思う人がいたんですが、「全体のバランスが……」とか先生に言われて、良い評価がもらえなかった。僕からすると、すごく味があっていい絵だと思ったんですが。そこにしばらく通っているうちに、こういう現実は、僕としてはあまり受け入れたくないっていう結論にたどり着いたんですね。こういう勉強だったらしたくないし、する必要はないかもしれないと。だったら、自分のやりたいことを自分のペースでやっていって、それが世のなかに受け入れられるかどうかはわからないけれど、そっちを追求したほうが僕にとってはいいんじゃないか、そう思いました。それで、アトリエをやめて、文化服装学院に入学する道を選んだんです。

学校教育の問題と疑問

入学した文化服装学院は、最初から課題、課題、とにかく毎日課題が多い。授業の出席も厳しいし、とにかく課題を出さないことにはお話にならないという学校でした。僕は良いデザインをするためには、それこそ旅行に行ったり映画を見たり、もっと外を見ることが必要だと思っていたのに、普通に課題をこなしていたらまったくそういう時間が取れない状況でした。まあそれでも、自分にとってどっちが大事かを考えて、外を見るほうを選んだために、結果的にずいぶん進級などでは苦労をしました（笑）。

少し前のことなんですが、スコットランドのグラスゴーにあるアートスクールを見学に行く機会があって、ガイドの人に校内を案内してもらったんです。その学校のシステムは、学生一人ひとりに小さなアトリエのような部屋が与えられていて、それぞれがそこでやりたいように作業をしているんです。ガイドの人が、「今この学生はこういうことをやっているんですよ」と説明してくれたんですが、基本的にはなにを作ったり、なにを描いたりしても、すべて容認されていて、のびのびと作業できる空間になっているんです。それを見て、こういうものが授業であるべきだし、それがたぶん教育っていうものなんだろうなと思いました。僕が学校で経験したことといえば、同じテンポで、集団で授業を受けることだったし、とにかく「これをやりなさい」という形の教育でした。

あるとき、洋服のパターンを作る授業で、僕が作ったパターンを先生に見せたら、

「あなたが作ったものは、こんなに基本の形からずれているから間違っています。もっと基本に忠実に」と言われたんです。でも僕の気持ちとしては、基本の線と違うことは、間違いということではなくて、違う形を作りたいという意志の表れだったんです。確かに基本的な体型はあるけれど、人間には多種多様な体型があるということのほうが、よほど大事だと思うんです。実際、僕は昼間に働いていたアトリエで、毎日顧客の仮縫いをしていましたが、ダーツの位置は全員違う。それに気づいてからは、パターンは学校だけで勉強するものじゃないし、デザインは教えてもらうものじゃないと思いました。基本があってそれが決まり、それ以外は全部間違いだって教わるのはとても怖いことだと思います。いちばん大事なことは、決まりはないということ。

今の日本の学校は、学校であることを意識しすぎるがゆえにとても閉鎖的で、内輪受けな雰囲気を背負い込んでいると思います。また、課題に対する評価やコンテストなどは、実際の社会とは無関係なところでいろんなことを判断している気がします。実際、そういうことに捕らわれてはいけないと思うし、たぶんそうした空気は日本独特のものでしょうね。僕自身はそこにとても違和感を感じていたんだけど、なぜそう思っていたのか、グラスゴーを訪れて分かった気がしました。

日本では、洋服を学ぶ学校が、おしなべて洋裁学校になってしまっていることがとても残念ですね。僕は文化の夜間（二部）のファッションショーには誰よりも多くの作品を出品したんだけど、実は一枚も縫ってはいなかったんです。単純に言えば、デザインをするのは得意だったけれど、縫うのはあまりうまくなかったということです。ロンドンのセントマーティンズ美術学校に通って洋服の勉強をしていた人に、最近その話をしたら、セントマーティンズでは、デザインはデザインを勉強している人がして、縫うのは縫製を勉強している人がするというように、分業制になっていると聞きました。日本の学校は、デザイン画を描いてパターンを引いて、自分で縫って、はじめて〝デザインをした〟っていうんです。日本はすごくそういうことに縛られている。これでは洋裁の技術は学べても、クリエイションの部分が学べなくなってしまう。そこがとても残念です。もちろん今は縫うことができなくてはいけないとも思っていますが。

服作りの自然な形態、オリジナルファブリック

自分が洋服を作り始めたときは、特に自分のなかでなにかを発表しようとか、デザインを通してこういうメッセージを伝えようとか、そういうものはなにもなかったですね。ちょっとずつ作れるものが増えていって、置きたいと思うお店に置けるようになって、将来的に自分のお店を持てればいいな、というイメージを描いているだけでした。

僕は洋服作りというものは布からオリジナルを作り、それを洋服に仕立てるというのが、最初からあたりまえだと思っていました。とはいうものの、学生時代は街の生地屋さんで売っている布で充分満足していましたし、そのつい1年前まで洋服といえばジャージっていう生活を送っていた人間にとっては、どんな布でも興味を持つことができたんです。布を作るということを意識しだしたのは、卒業してから働いた小さなアパレルでの作業に触れてからでしょうか。そこの人たちは、布からオリジナルのものを作ることを普通のこととしていました。それを見て、服という

のは本来こうやって作るものなんだろうなと。問屋さんが持ってきた生地を選んで作るのは、違うんだろうなと思うようになりました。洋服は布でできているものだから、そこから自分たちで作るという作業はごく自然なことだし、だからこそミナにとってはすごく大事なことなんです。僕にとっては、布を作ることは服作りでとても気持ちが高まる時間ですからね。声高に〝オリジナルファブリックでやってます〟と言うつもりは全然ないんですが、やっぱり洋服を作るなら生地から自分でデザインしたもので作りたいなと。作りたい布のイメージは、ミナの初期段階からいろいろとあったんですが、最初は経済的な意味でそんなにあれやこれやとはできないですから、２、３種類の生地だけ、それもすごく少ない量だけ作ったのを憶えています。

ファブリックのデザインは、実際にあるものをそのままモチーフにするということはほぼありませんね。もしかしたら、自分が幼い頃に見ていたものが、今になって記憶の引き出しから出てきているものはあるかもしれません。例えば、電柱が並んでいるデザインのファブリックを作ったことがあるんですが、それがまさにそうですね。僕は小さい頃、上を向いていることがすごく好きだったんです。ブランコも上を向いたまま乗って、見上げていると空が動くのがすごく面白かった。それと同じ感覚で、電車に乗っているときに、窓から空を見上げて電線を見るのも大好きだった。電線って、止まっているときに見ると横にまっすぐな線として見えるんだけど、走っている電車から見ると、電線が波打って動いているように見えるんです。それにすごく興味を引かれて、電車に乗ると上ばかり見ていました。その幼いときの記憶はずーっと頭のどこかにしまわれていたようなのですが、あるときふっと頭に浮かんで、ファブリックになったんです。

ミナの洋服はすごく女の子らしくてフェミニンだという声をよく頂くんですが、自分としてはそういう女性らしさのようなものを、直接的なモチーフで表現しようとは思わないんです。それとは逆に、むしろそういうものを感じさせないようなモチーフで、フェミニンな感じを表現できたらいいなと思っています。花柄は確かに女の子らしいモチーフだけど、女の子だから花柄、あるいは花柄が流行っているから花柄じゃ、それは方程式のようでなんの想像も広がらない。もっと情景的なことを洋服のうえで表現したいんです。電柱にしても全然女性らしいモチーフではないけれど、例えば電柱やそこから伸びる電線に雪が積もっている情景をきれいだなって思う気持ちのほうが、きっとものを作るうえでは大事なんだと思う。

ミナのファブリックデザインは、案外、言葉が先にありきなところもあるんです。外側に出てくるイメージは、優しいとか柔らかいとか、そういうデザインの場合でも、実はすごく堅いコンセプトで作っていたりするんです。「soda water（ソーダウォーター）」という水色の丸をたくさん描いているファブリックがあるのですが、これは〝人の目の想像力〟というのがテーマなんです。よく見てみると、独立した丸は一つも描かれていなくて、すべての丸はどこかが重なり合っている。つまり、丸かどうかは分からないわけです。なのに視覚的には丸がたくさん描かれているように見える。そういう錯覚的なファブリックを作りたいなあと思う気持ちが先にあってこの布はできたんです。最初にあったテーマは「not dot」。〝水玉じゃない〟っていう隠れた能書きのようなものがこの布のデザインの下にある（笑）。言葉遊びのようなものでしょうか。もちろん柄になるからには、バランス的な美しさも兼ね備えたものにしたいですし、なるべくそういう最初の考えは外に見えないようにしますけれど。こういう柄はきれいなんじゃないかとか、こういうのはバランスがいいんじゃないか、というところからのデザインはしませんね。最初はそういう堅いコンセプトからスタートして、最終的に洋服として見てくれる人が、モチーフがいいとか、質感がいいとか、フォルムが好きとか、そういうところで気に入ってもらえれば嬉しいです。ミナにとって言葉はスタート地点で意外と重要なものなんです。

新しい、古いではない価値観

ファブリックの絵柄が決まると、次はどういう素材でそれを布として作り上げるかを考えるのですが、僕はどちらかというと、素材が新しいという価値観を重視するほうではないので、あまり新素材とかには目が行かない。もしかしたら新しいものに疎いだけなのかもしれないですが（笑）。逆に、今まであったものを、新しい使い方で作ることに興味があります。例えば、コットンでできたシフォンは今までもあったけれど、麻でシフォンを作ったらどうなるかなとか。シフォン自体は物質的には昔からあるものだけれど、麻のそれは見たことがないから見てみたいという好奇心は強いほうです。確かにそれはある意味では新素材なのかもしれないけれど、これとこれを混ぜてできた化学的に全く新しい素材というよりは、今ある物質でなにか新しいものを生み出したいというスタンスです。僕はどこかの記憶とリンクするような新鮮さが好きなんだと思います。自分としては、あらゆることに興味を持っているんですね。もちろん新しいっていう価値観も含めて。新しいか古いかっていうことは形の良し悪しには関係ない。その形が自分にとって好きか嫌いかっていうことが大事なんです。

2002年の秋冬から、過去の図案を復刻したファブリックを使い、新しい服を作ることを始めました。ずいぶんファブリックデザインの蓄積が増えてきたので、そろそろたまったなかから選択してもいい時期かなと。やはり、お客さまに過去のファブリックの服を普通に選んでいただけるのはすごく嬉しいことです。だからこそ、ワンシーズンで古いと言われないような、いいデザインを作っていかなくてはいけないなと思います。

フィンランドのファブリック会社「マリメッコ」は、実際に今も1940年代、50年代にデザインしたファブリックを売っていますが、そこに時代遅れな空気は全然ない。それは50年間くらい力のあるデザインを発表しているっていうことなんですよね。きっと彼らは、2000年に発表したファブリックも2050年に自信を持って売っているでしょうし、彼らがこれまでやってきたことの姿勢を見ればそれはよく分かります。ミナはまだブランドを始めて7年ですが、このままそうした姿勢が続いていって、それこそ50年後に今年のファブリックで洋服を作っていたら、同じ自信を持てるんじゃないかと思います。今それを言ってもそれほど強い説得力はないとは思うんですが（笑）。

日本の生地工場の優秀な技術と危機

ファブリックを生地屋さんに発注すると、あとは生地屋さんの作業になる。自分が作りたいものを一度他の人の手に委ねるという工程が入ると、出来上がりがとても楽しみになりますね。日本の生地作りは、諸外国に例がないくらい高度な技術を駆使していて、そのうえデザイナーのリクエストに対して、かなり柔軟に対応してくれる工場が多いんです。デザイナーのやりたい方向に一緒になって向かってくれる。実際、海外の大きな有名メゾンも、コレクションのなかの主要なファブリックは日本に発注しているところが多いようです。日本の工場で職人が作っている生地が、それこそ世界中のコレクションのステージで使われているんです。日本はすごく貴重な生地の産地だと思うし、本当にすばらしい技術があるんですが、日本にそういう技術があることは意外と知られてない。残念ながら今は中国を含むほかのアジア諸国のほうがコストを抑えて安く生地が作れてしまうので、日本の工場の人もどうやったらより安く作れるか、という方向に考えてしまう人が増えているのが現状です。本来は新しい価値を生むためにものを作っているのに、そうではないところに重点が置かれてしまっている。日本の工場は本当にすばらしい技術を持っており、そこには人件費やコストがどうのこうのという以上の価値が絶対にあるはずなんです。産地の人はもちろん、洋服作りに携わっている人たちはそこを大事にするべきだと思います。そこに気づかなければ、その技術は確実に途絶えてしまうし、なくなってしまえば終わりなんです。工場は僕らにとってはとても大事な場所なので、絶対になくなって欲しくないと思います。

日本の生地工場はそれほど規模が大きくないところに、すばらしい技術を持った人がいることが多いのですが、世襲制をとっていくことになれば、きっとその工場は絶えてしまうでしょう。やっぱり、その工場でいちばん優秀な人が、生地作りをやっていきたいっていう人が次に繋いでいかないと、つぶれてしまうと思います。

ファッション産業のなかには、ピラミッド式にものを考える人がいて、それこそ生地作りの工場の人のことを、自分たちの家来のように扱う人がいるんですが、僕は一着の服を全員で作っているという意識を忘れたらダメだと思っているんです。生地を発注し、その生地で洋服を作る人を頂点として、生地工場やボタン工場の人を下に見ているんですね。誰がエラいとか、誰が下だとか、そういう考えはつまらない。ピラミッド型の産業構造では、一着の服を作った利益が上にしか残らないことになり、下に位置するところはどんどんつぶれていって、ピラミッドが小さくなり、最終的には頂点もなくなるっていうあたりまえの話です。やっぱり、服作りに携わっている人たち全員が、フラットな立場に立って、洋服を作れる状況にならないといけないと思います。発注するメーカーも、それを形にする工場も、そうしなければ共倒れですからね。今の構造のままでは日本には長く続くブランドや工場が育ちにくいかもしれないですね。でもなかには大きなメゾンと本当に対等に仕事をしている工場もあって、そういうところは長く続いていくんじゃないかなと思います。

たぶん、こういう日本の工場のすばらしい技術のことや、その一方にある厳しい状況については、ミナの洋服を普通に買ってくださっている人たちは知らないと思う。僕はそうしたことを知ってほしいと思います。以前、ミナのテキスタイルを見せる展覧会「粒子展」を開いたときに、布を織っている映像や、刺しゅうを刺している映像を見せたんですが、こんなふうにボタンはできるんだとか、布ができるということはこういうことなんだということを伝えたかったんですね。また、ミナでファブリックのデザインをしたいとアプローチをしてきた若い人を、生地を作る工場に紹介して、そこでいろんなことを学ぶことを勧めたこともあります。僕が洋服作りは布から作ることをあたりまえだと思ったように、そういうことを知ることによって、ものづくりに対する気持ちが少しでも変わってほしいんですね。それでなにが変わるかは分からないけれど、なにかが変わるといいなと思っています。

デザインの内からにじみ出る美しさ

僕はいろいろなもののデザインに興味があるんですが、時計と椅子、車が特に好きですね。そういうところは結構男らしい趣味だと自分では思うんですが（笑）。

車は街を走っているだいたいの車種はパッと分かるくらいの知識はあります。車のデザインは、洋服のそれととても近いと思うんです。車はエンジンの性能と、外側から見るボディのデザイン、それから室内のインテリアがデザインの三本柱だと思うんです。それをどういうバランスで作り上げるかで、それぞれのメーカーの特徴が出ると思うんですけれど、そういうのを見るのがすごく好きです。例えばボルボだったら室内環境と安全性にすごく重点を置いているから、居住空間を大切に考えてデザインしているんだなとか、アルファロメオならこうだとか。ベンツの後ろ姿を見て、トランクを開けるラインがきれいだなと思ったりしてしまうんです（笑）。そういう車の機能美を見ると、自分が作る洋服もダーツの取り方だってちゃんとデザインになっていないといけないんだなと思うんですよね。布を切り替えるべきパーツにしても同じことです。機能がデザインになっていないといけない。デザインの仕方がいかにきれいで、なおかつ機能も兼ね備えているか、これがすごく大切なことだと思う。時計のデザインも同じことです。シンプルなフェイスの時計なのに、内側はすごく複雑で、その複雑さを形成しているパーツの一つひとつがすごく美しい。なかは見えないし、見える必要もないんだけれども、美しいんです。車も時計も、外側に見えるデザインの完成度となかの機能の部分の完成度はイコールだと思います。いい機能を持っているものは外側のデザインにその良さがにじみ出ている。自分もそういう服をデザインしたいし、そういうブランドになりたいと思いますね。

僕が洋服のデザインをするときも、機能をデザインのなかに隠すっていうことをすごく考えます。それは、そういうからくりが面白いっていうことではなくて、洋服の完成度として、よけいなものが見えないほうがいいという意味です。洋服を作るうえで機能としては必要だけれど、視覚として必要のないものは意外と多い。そうしたものは消したいなと思いますし、そういう努力をします。たぶんそのほうがデザインとしての完成度も高いと思うんです。でも見えるものをすべてしまいこみ過ぎるのもよくない。そのさじ加減がとても難しいですね。車でいえば、例えば、空気抵抗を考えすぎてすべてを取っ払ってしまうと、なんの味もない、面白みのない車になってしまう。やっぱりそこにデザイナー自身の意志が入らないと、逆に機能負けしてしまうこともあるんです。最終的には、人間が作った良さがきちんと感じられないといけないと思いますね。どこをデザインして、どこのデザインを消すか。これは大きな課題ですね。そんなふうに服以外のデザインも同じ視点で見てしまうのは自分でも面白いなと思います。

新しいノートを買ってから始まる新しいシーズン

春夏や秋冬など、シーズンが変わるごとに、まず新しいノートを何冊か用意します。サイクルとしては、展示会が終わってしばらくはゆっくりできる日々が流れているんですが、それがだいたい1ヶ月くらい。そんな時間を過ごすなかで、だんだんと次に向けてなにかをやりたい気分になってくる。そうしたら、近所の文房具屋さんや伊東屋さんなんかにノートを買いに出かけます。僕にとってはノートを買うことが新しいシーズンのスタートなんです。面白いことに、毎シーズン、欲しいノートの紙質や大きさが微妙に変わりますね。でもなぜか、方眼を買うことが多い。そこに意味は感じていないのですが、無地と方眼の両方があったら、どういうわけか方眼を買ってしまいますね。ちなみに今は5ミリ方眼のノートを使っています。

それに思いついた言葉やラフスケッチをつらつらと書き溜めていくんです。アイデアを考える時期だからといって、24時間常にそればっかり考えているわけではないんですが、ちょっと思いついたら、それがどんな些細なことでもノートに書きます。でも僕は結構ずぼらなので、いつもノートを持って歩いているわけじゃないんです。案外、アトリエに置きっぱなしになっていたりする（笑）。そうするとその辺にある紙にメモしておいたりするので、そういう紙がすごく溜まってくる。それとノートに書かれたことを合わせて、考えをまとめていきます。そのうちにもっと具体的な画を描きたくなってくるので、次は画用紙を買いに行きます。それが僕の第二段階ですね。

ファブリックの図案にしても、デザイン画にしても、絵を描いているときはたいてい一人での作業なんですが、その一人の時間は、喜怒哀楽とは全然違う気持ちで紙に向かい合っています。なんというか、淡々と自分を掘り起こしていく作業という感じですね。例えば自分についての文章を書いたり、自分の生い立ちを考えたりするときって、あんまり楽しいとか嬉しいとか、そういう気持ちはないと思うんですが、それに近いかな。感情は確実にあるんだけど、喜怒哀楽以外のなにか。すごく無意識に近いなにかですね。それはとても充実した時間で、ずっしりとした重みのある時間です。画用紙を眺めていると、なんとなく描きたいであろう線がぼんやりと見えてきて、それが逃げないうちに一生懸命追っていく、そんな感じ。図案を描いているときは、すごく夢中になりますね、一人で作業に没頭します。ちなみにスケッチをしているもののうち8割方は実際ファブリックになりますね。

一人でデザインや図案を考えるときには、とにかく、リフレッシュしたりリラックスすることが必要です。例えば映画を見たり、本を眺めたりすることで、すごくアイデアが浮かびやすくなる。それは映画や本を資料として、そこから直接アイデアをもらうということではなくて、自分の頭をアイデアが湧く状態にするための、準備体操みたいなものだと思います。昔は本屋と映画館をはしごして回るようなことをしていたんですが、最近は忙しくてあまりそういった時間がとれないのが残念です。だから、一人で作業をするときにはなるべくゆっくりものを考えるようになりました。やはりデザイナーという立場にあるわけですから、ゆったりと時間を使っていいアイデアを出さないといけないと思う。実際のところは、ばたばたと毎日を過ごさざるを得ないんですが、デザインのことを考えるときには、アトリエに来て、椅子に座ってゆっくりと本を読んだりするよう心がけています。それで、気になることを例のノートにつらつらと書いていく。この期間が結構長くて、1ヶ月くらいなんだかんだと考えていますね。その期間は絶対に「考えなきゃ、アイデア出さなきゃ」というふうに考えないで、イメージが湧いてくるのをじっと待ちます。必死に絞り出したようなスケッチよりも、イタズラ書きのようなものがデザインに発展していくものなんです。まあそうしたイメージをデザインまで持っていくのが、デザイナーの仕事だと思うので、その作業はとても力を入れるのですが（笑）。とにかく、あまり大きく構えてデザインを考えることは、僕においてはないですね。

アイデア出しのスケッチに比べると、柄を描くときにはもっと時間をかけます。何日もかかる作業なんですが、勢いでやってしまうと煮詰まる前の良くないデザインのまま作業が終わってしまうことがあるので、ちょっとずつ描きためて、じっくりと進めるようにしています。モチーフの形自体を現実的に描写したりはしません。記憶のなかにある映像を、「なんとなくこうだったな」と思い出しながら描くんですが、そこに自分の手癖のようなものが加わって、描き出される。あまり鮮明に自分のなかに残っているものは、デザインしづらい。ただ情景を書き写しているようで面白くないんです。だから僕は現実にないものをモチーフに選ぶのかもしれないですね。

ファッションデザインの習慣に対する抵抗

僕はいつもどんなことに対しても、本流に対して違う角度はないかを探しているんだと思います。それはひねくれて斜に構えているということではなくて、習慣になっていることや、決まり事のなかに埋もれてしまっていることのなかにこそ意外と大事なことがあって、それを見落としているんじゃないかと思うからなんです。それはファッションデザインにおいてもすごく考えることです。毎シーズンごとに洋服を作って、ショーを開催して、それを売るという一連の流れに対しても同様に考えていますね。

例えば、インテリアデザインである椅子は、同じ〝ものをデザインする〟というクリエイションの産物なのに、シーズンごとにセールになったりしませんよね。同じようにデザイナーという立場でクリエイションをしているのに、ファッションはなぜ半年で価値が半分に下がってしまうのか、それをとても考えます。ほかの分野と比べると、ファッション・デザイナーはデザイナーのなかでも特殊なサイクルを持ってしまっている気がします。ファッションは半年ごとにセールをするものだという商業的な習慣は、それはそれである意味習慣だからなのかもしれませんが、もしその理由が、「だって在庫がたくさん余っているから」というのであれば、在庫が出ないような作り方をすればいいだけの話です。セールをしないと決めれば、そういう作り方がある程度できると思う。半年ごとのセールという方程式を作り、それを当てはめてしまっていることで、たくさんの矛盾や違和感が発生しているのが現状です。僕はそれを無くしたいと思うんです。

ミナが直営店ではセールをしないのは、そういう気持ちがあるからです。僕は「粒子展」で過去のファブリックを展示しましたが、見た人はそれが98年のファブリックだからといって、「4年前だからこれは古いデザインだ」とは思わないでしょうし、そう思われないようなデザインをしている自信はあります。だけど、作る側が、今シーズンが終わったらもうその服は価値がなくなるという気持ちでコレクションを「2002 Autumn/Winter」と時期を限定してしまうこと、そしてそのシーズンが終わったらその服をどうするのかということに対して、僕は本当に違和感があります。

　僕はファッションというフィールドを選んでいるデザイナーだけれども、ほかのプロダクト・デザイナーとスタンスは同じ気持ちでやっているので、もっと長く価値が持てるものを作りたいと思っています。確かにそういう考え方は今までのファッションの流れではないけれど、ミナをやりながら、デザインという仕事に関わりながら、毎日強く考えさせられますね。デザイナーなら自分が作った布、それで作った洋服が、半年後にゴミになってしまうなんていうことは絶対に考えたくないじゃないですか。僕はそういう気持ちでデザインをしているわけでは決してないし、それをやってしまったらデザイナーはハムスターが車輪のおもちゃのなかでただ走っているのと同じ状況になってしまうと思う。一つの法則に則ってただ作業をしていくのでは、そこからはなにも生まれないと思います。だから常に、そうならないためにはどうするべきかとも考えていますね。

　残念ながら現状ではそのサイクルが主流で、おまけにその流れはどんどんと速くなっていると思います。同じことを自動車産業にも感じます。ドイツの自動車会社などは、非常に数を絞ったラインナップで、5、6年に一度しかモデルチェンジをしないけれど、日本の会社はとても短いサイクルでモデルチェンジをして、おまけに一つの会社から出ている車種がとても多い。大きな芯になるデザインが一つあればいいのに、それが揺らいでいるからいくつも、たくさん用意しなければならないと思うんです。僕が目指すデザインやブランドは、決してそういうスタンスではない。もちろん新しいアイデアをどんどん形にしていくことはとても大事だし、先に進むことを否定しているわけではないんだけれども、一度生まれたものは貴重な自分たちの財産として、その蓄積は常に人に見てもらえる状態でありたいと思います。今までに生まれた柄を再度作り直して、新しい洋服を作ることも、セールをしないことも、その気持ちの延長にあることですね。だからファッションの習慣や流れに対して、躊躇する気持ちはありませんし、大勢がそうだからといっても自分はそこには乗りたくはないんです。

僕自身は、流行という考え方はデザインの形にとっては意味のないものだと思っています。とは言っても一応年に二度の毎シーズン、新しいデザインを生み出して提案はしているんですが、新しいものを作らなくてはならないという考えではなく、こういうものを作ってみたい、こういうものがあったらいいかもしれない、という気持ちを形にしているだけなんです。世のなかには、〝流行〟という言葉では片づけられない素敵なものがたくさんあるじゃないですか。僕が作りたいと思うのはそういう形です。だから流行ということにはそれほど興味はありません。流行しているものの理由や、その原因は見えてきますけれど、実際のところは形の美しさから流行になるという現象は、それほど多くないように思えます。もちろんなかには、コム・デ・ギャルソンのクリエイションのように、本当に新鮮でみんながそれを欲しがることによって、結果的に流行になったということもあるとは思うのですが、もっと外側からの要因で〝すばらしいもの〟とされ、流行になっていることが多い。それには僕はいっさい関わりたくはないし、流行という言葉で片づけられないデザインを目指したい。「今だから欲しい」と人々に思われる形には、長くても半年程度の力しかないと思う。それをスタイルとは言わないと思うんです。流行の形とスタイルは絶対的に違っていて、スタイルは、時間が経ってもそのスタイルとしてずっと認知されて残っていくものですが、流行はスタイルまではとても追いつけなくて、地に足が着いていない感じがしますね。

できれば自分の好きな形、スタイルを見つけて、それを追求できるのが素敵なことだと思います。

結局、僕は、大手のメーカーやブランドに入るという道を選ばなかったわけですが、そのことはメリットもあり、当然デメリットもあります。今主流であるアパレル産業の流れというものをまったく知らないので、ほかのアパレルの方がミナを外から見たときに、ミナは〝それはおかしいよ〟というやり方をいっぱい抱えていると思います。それはある意味、デメリットかもしれません。でも主流である流れが分からないぶん、ミナにとってなにが良いかを最優先に考えて、それだけを選択してここまで来られたという強みも持っています。ショーでコレクションを発表しないというのもその選択の一つで、ミナとしては違和感のないことなんです。〝ブランドとしてこうあるべきだ〟というミナにとってのポリシーの部分に、他者の意見や、一般的な方程式はいっさい入っていない。それはとても良かったことの一つですね。企業に入った場合、自分の考えだけを形にしていこうというスタンスは、きっととれなかったでしょう。デザイナーがデザイナーでいられないというか、本来デザイナーがとるべき行動はとれなかったと思うんです。もしそういう立場になっていたら、僕も一般的な慣習に染まってしまったかもしれません。ある意味結果論かもしれませんが、そういうところに身を置くというチャンスがなかったのは、僕とミナにとっては良かったことかなと思っています。

毎日のこと、お店のこと

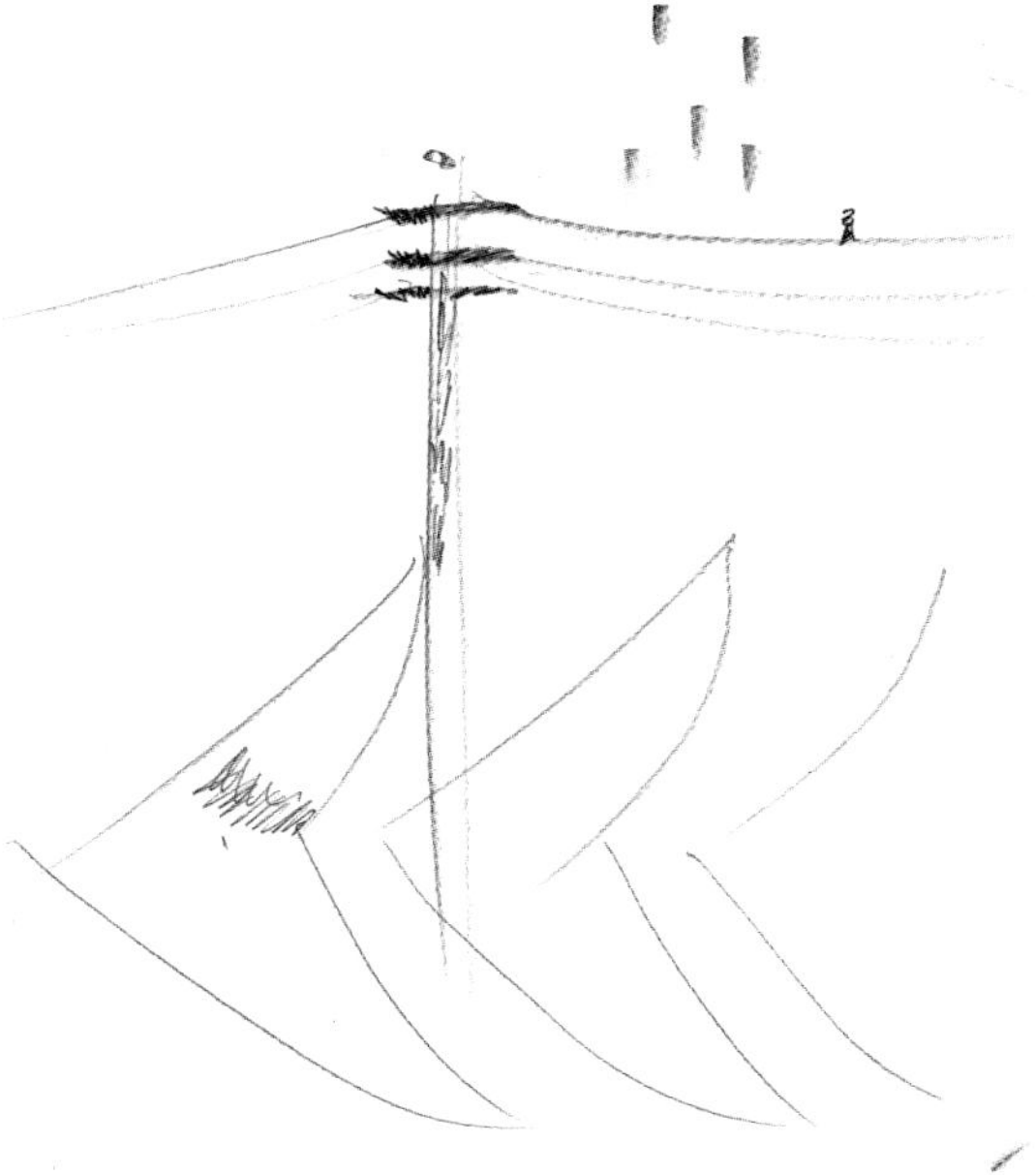

yuki-no-hi/birdのスケッチ

日々の楽しみ、仕事の喜び

朝は早起きなほうです。7時頃にだいたい子供に起こされますね。子供たちは夜9時とか10時から寝ているだろうから、充分睡眠をとっているだろうけれど、僕は1時か2時に寝るんで、ちょっと辛いところもありますが（笑）。二人とも女の子なんですが、起こしてからさらに「遊んでくれ」と言うんですね。最近は朝しか子供と接する時間がないので、彼女たちの声に従って一緒に遊びます。妻に朝ご飯の準備をしてもらっている間は、子供を高く持ち上げたり、父親にしかできないような体力的な遊びを（笑）。下の子はまだ小さいので、一人でぬいぐるみを摑んで、ジーッと見ているだけだったりもするんですけれど。それがだいたい1時間くらいでしょうか。そのあと8時半くらいに家を出まして、まずはアトリエに向かいます。たまに電車で行くこともあるんですが、最近はほとんど車ですね。以前、自宅とアトリエがもっと近かったときは、毎朝8時くらいに起きていたんですけれど、それに比べると早くなりました。

アトリエには10時前に到着します。基本的に10時からが仕事なので、スタッフもみんな10時前には揃って、まずはお茶を飲みながら全員で1日のスケジュールを確認します。どっちかというとスロースターターかもしれない。お茶を飲みつつ、「さてなにからやろうかな」という感じ。だんだんテンポが上がって、忙しくなってくる。忙しさには波があるんですが、それほど忙しくないときでも、月の半分くらいしか白金でお昼を食べる時間はないですね。展示会が終わったばかりのシーズンだと、8時頃に仕事が終わったりすることもあるんですが、展示会前だと限りなく作業は続くという感じで、時間とかはあまり関係なくなってしまいますね。

ミナは、現在僕を入れてスタッフが17人なんですが、最近、土日を休みにすることに決めたんですね。以前マリメッコの本社を見せていただいたことがあって、そのアトリエには大きな開放感があって、とてもいいなあと感じたんです。毎日みんな5時頃には仕事を終えて帰宅するという仕事のスタイルが、すごくうらやましいなあと思って。そういうリズムで働くことって、とても重要ですよね。使える時間をすべて使って働いても、アウトプットの時間ばかりで、インプットの時間がなければ、いいものは生まれてこないと思うんです。たぶんマリメッコのデザイナーの人たちは、家に帰って家族と過ごす時間や、一人でなにか趣味のようなことをする時間をとても大切にしているんじゃないでしょうか。それを見て、僕もミナを完全週休2日制にしたんです。以前は日曜日ともう1日、平日の好きな日に休むようにとは言っていたんですが、やっぱり周りを気にしてしまって、休めない人が多かったんですね。「あの人が働いているのに休めない」というような気持ちになるみたいで、だったらみんな同じ日に休みを取ろうじゃないかと。スタッフはおそらく土日に休むことでリフレッシュしていると思いますし、それは彼らにとっても、ミナにとっても非常にいいことです。話を聞くと、美術館に行ったり、本を読んだりと、それぞれのやり方でインプットの時間を持っているようですね。そういう意味では、マリメッコの社風にはずいぶんと影響を受けたと思います。僕自身は、あまりそのサイクルに関係なくて、今のところ土曜日には仕事があることが多いですね。でも、スタッフとは別に、平日でも作業中にちょっと外に出たりして、ランダムにインプットの時間をとるようにはしています。デザイナーとしては、そのメリハリが大事だと思ってますので。

1日のうちで、家にいる時間、作業をしている時間、どこがいちばん楽しいのかと考えてみると、家にいるときですが、それ以外の時間でも本当にいつも楽しいですよ(笑)。家族との時間はもちろん貴重ですが、スタッフと一緒に仕事をしているときの楽しさはまた特別です。仕事の内容はどんな作業をしていてもかまわないんです。みんなでなにかをやっているという状況が好きなんです。最初の何年かは、長江と二人でやっていて、それはそれで楽しかったのですが、今の楽しさっていうのは、毎日みんながアトリエやショップにやってきて、それぞれの分担で作業をして、一つの洋服を作り上げるということですね。そして、作った洋服がたまに雑誌に載ったりしたのを、みんなでワイワイと見て喜ぶという。本当にそれだけのことなんですが、とても楽しい。

そういうふうに、みんなで楽しくいるためにも、やっぱり自分がいいデザインをしたいと思うんですね。実際に洋服を作る、仮縫いの作業なんかをやっているときの、ああしたい、こうしたいっていう感情や、このドレープがうまく出ないからもっとこうして欲しいとスタッフに思ったりすることも、あるんですが、それは決してネガティブなものではなくて、僕にとってはそう思うことも楽しみなんです。大人数でなにかをやっていて、そのなかで生じてくる感情の波は、とてもすばらしいと思うし、すごく嬉しい。それはスタッフの人数が増えた、会社が大きくなったというような喜びではなくて、過疎の学校に通っていた小学生が東京に越してきて、クラスの人数が増えたぞ、みたいな喜びに近い(笑)。自分はなにもアクションを起こしていないし、机にただ座っているだけだったりするんだけど、なんか教室がワイワイしていて楽しいっていう感じかな。つい2年前まではスタッフも4、5人だったので、急に人が増えて、にぎやかさも増してきましたし。

ノリとしては、非常に体育会系なアトリエだと思います。話し合うことはとことん話し合うけれど、険悪な空気にはならず、さっぱりしています。会社のなかは意外とテキパキとしていて、そうじゃないと、いいもの作りができないと思う。結局最終的に、一着の服を全員でパーフェクトに作るということが大切なんです。たとえ誰かが失敗をしたとしても、次からはそういうことをなくしましょう、ということ。それだけです。すごくシンプルですよね。それはもしかしたら、以前僕が働いていた魚市場のノリに近いかもしれません（笑）。市場では毎日競りがあって、マグロの脂の状態だけを見て、妥当だと思う値段で入札をして買ってくるわけなんですが、やっぱりどんなに一生懸命マグロの断面を見て判断しても、捌いてみたらあまり肉質が良くなかった、ということは往々にしてあるわけです。でもそれを、前向きにとらえて、買って来ちゃったんだからしょうがないって考えることは重要なんですね。その反対に、まあまあだと思って買って来たマグロが、すごくいい肉質だったってこともままある。大事なことは結果ではなくて、結果をパーフェクトにしようという気持ちだと思います。そこでもしパーフェクトにならなかったとしても、それを嘆くのではなく、じゃあ次はどうしようかと考えることですよね。

みなさん、ミナのことをもっとほんわかと、しょっちゅうお茶とお菓子が出てくるようなアトリエだと思っているみたいなんですけれど、そんなことなくて、部活っぽい感じですよ。もちろん厳しい上下関係とかはありませんが。ウチではスタッフは、キャリアのある人もない人も、同様に採用していますが、どちらにしても、新しく入ってきた人には、なるべく多くの雑用をやってもらうようにはしています。なぜかというと、雑務をすることによって会社全体の流れを理解することができると思うからです。最初から専門的で、狭い範囲だけで仕事をするのではなくて、全体の流れがどう流れているかとか、自分とは関係のなさそうなところで気づいた意外な発見が専門的な仕事でも役に立つと思うんです。1年生の球拾いじゃないですけれど。結果的に、そういうことがその人のためになると思います。

理想の店のあり方

ブランドを始めてちょうど5年目に、白金台にショップができました。ミナを始めたときには、ちょっと早いかもしれないけれど、5年後にお店が持てたらいいなとは漠然と思ってはいたんですが、5年でそれが本当に叶ってしまった。

自分がお店を持つにあたって考えたのは、できれば単なる売場的な場所にはしたくないということでした。スタッフとお客さまの関係が〝売る〟とか〝買う〟とかだけにならないような空気が作り上げられればいいなと。もちろんお客さまの欲しいものが手に入るという状況がいちばん大事なので、それは大切にしていきたいのですが、例えばミナの洋服が欲しいという方がお店にいらして、欲しいものが見つかって、レジでお金を払って出る、というだけではなくて、お金を払ったあともお店に留まれるような場所がいいなと。だから、お店は商品以外のものも含めて、お客さまが目にして楽しんでもらえるようななにかがある場所にしたかったんです。例えばそれはアンティークのなにかだったり、絵だったりというものですね。そういうものがあることで、きっとお客さまが楽しんでくださる部分があると思うんです。今のミナのお店にはそういうものがたくさん置いてあって、それを売るのは値段の問題などもあってとても難しいことなんですが、ミナのテイストに近いものを見ることで想像力が膨らむとか、なにかに興味を持つとかそういう反応があると嬉しいですね。

僕にとっていちばん理想的な店舗空間は、お客さまがなにかを予感できる場所。そのためにはアトリエとショップが隣り合っているということがとても大切なんです。アトリエはショップで売っているものの〝次〟のものを作っている場所ですから、お店にないものが隣にはあるという時間の流れを少しでも感じて欲しいと思います。それと同時に、作る側としても、自分たちが作ったものがどのように売れているのかという現場を見ることができる。お互いに接点を持てるのは、とてもいいことですよね。少し前までは、ショップの横にアトリエがあって、そこで布を切ったり仮縫いをしたりといった作業をしていて、僕も毎日必ず顔を出すようにしていました。ショップにいることもたまにはありますよ。お客さまの声を聞けるのは僕にとってもすごく楽しいことだし、直接「この洋服のこういうところが好き」という話ができるのは嬉しいですね。でも、お客さまの声を聞いて具体的になにかを作ることはしていないです。それは、お客さまが予想もしないもので、でも欲しいと思えるものを作りたいという意識があるからかもしれないですね。お客さまが欲しいと思っているものを現実化するのではなくて、でき上がったものを見てはじめて、「こういうものが欲しかった!」と思ってもらえるのが理想です。予定調和のなかからできるものには、そういうパワーはないと思うからです。お客さまの声が直接クリエイションにはつながらないといえばそうなんですが、僕が作ったものに対する反応を聞かせてもらえるのは面白いですよね。考え方はやはり人それぞれ千差万別で、一着の洋服に対して感じる気持ちも、話してみると僕とは全然違うから。

普通洋服屋さんの場合、そのお店にデザイナーがいる状況はあまり多くはないと思うんです。売っているものを作っている人がそばにいて、作ったものの話ができるのが、いい感じだなと。お店って、本来はそういう関係が自然だと思うんです。パン屋さんとか美容室はそうですよね。僕はそこはあまり分ける必要はないと思っています。

ファッションに飲まれない街、白金台

お店の場所を白金台にしたのは、特に意味はなかったんです。経済的な条件がいろいろとクリアになったのが今の場所だったということなんですが、だんだん愛着が湧いてきましたね。白金台、結構いい場所だと思います（笑）。

今のお店は、ビルの骨組みを組んでいるときに見せてもらって、ここにしようと決めました。白金台という街は、いわゆるファッションの流れにあまり飲まれない場所だと思うんです。洋服屋さんもいくつかありますが、それだけじゃない街だというところが、とても好きなポイントかもしれない。洋服屋ばかりが並ぶ街だと、

このお店、あのお店、じゃあついでにこっちも、となってしまって、洋服を見るだけで1日が終わってしまう。ものを買うときの目や思考がずっと続いてしまうと、とても疲れると思うんです。でも白金台には美術館もあるし、公園もあるし、疲れたらお茶もできる。いろんな時間の流れがあるというところがいいと思いますね。あとは緑が多いというところでしょうか。東京で、なおかつ都心で、自分たちの敷地内や、近くに緑を求めるのはなかなか難しいと思うんですが、ここは幸運なことに緑が多い地域なので、とても落ち着きます。外苑西通りの並木道もいいですし。もし次にどこか新しい場所に移るとしても、やっぱり公園のそばがいいですね。いずれにしても、またお客さまとスタッフが同じ箱にいるという空間を作りたいと思っています。

ミナのお店には洋服以外の雑貨も並べているのですが、もともとミナはセールをしないというスタンスなので、世のなかがセールの時期に、洋服以外のところで、なにかお客さまが楽しめるものを置こうと。それで、自分たちの目で探した良いデザインのプロダクトをショップのなかに置いて、それを買っていただけるようにしようということで、海外に雑貨の買いつけに出かけるようになったんです。基本的な考えとしては、洋服は1年間常に買い続ける必要はないから、春夏と秋冬、それぞれのシーズンのなかに1ヶ月、合わせて年に2ヶ月くらい、洋服を積極的には売らない期間があってもいいんじゃないかと。もちろんその雑貨を見て、ミナの次のコレクションやほかのことに対してインスピレーションを膨らませてくれても嬉しいし、洋服を買うという目的以外でも、お店に足を運んでくれたらきっと楽しめると思うんです。それは、お店を始めたときからやっているので、だいぶお客さまにもそのサイクルをご存じいただけるようになってきたみたいです。「アンティークはそろそろだと思うんですが、いつからですか？」と、スタッフに尋ねてくださる方もいらっしゃるようですし。

店に置く雑貨の一度目の買いつけは僕が行ったんですが、その後はスタッフが交代で出かけていて、行き先も含めて任せています。買いつけには特に決まりはありません。ものを探しに行くと、自分はどういうものが好きで、世のなかにはこんなに素晴らしいデザインがたくさんあるということを経験できるし、そういう気持ちを持って帰ってくることは、僕も含めてほかのスタッフにもすごくプラスになると思うんです。もともとスタッフのセンスに関しては、ミナに入ってもらう時点でかなり信用しているのですが、若い人は経験を積めば積むほどどんどん目が肥えていくと思うので、そういう機会を多く持って欲しいですね。そしてお客さまも、その買いつけてきた雑貨を目にすることで、知らない文化や見たことのないデザインに触れられる。私たちとお客さま両者に嬉しいことがあるので、いいことだと思っています。また、スタッフはお客さまに、これはどういうマーケットでどういう人が売っていたとか、買いつけのときのちょっとしたエピソードを伝えたり、いいコミュニケーションにもなっていると思います。

ちなみに買いつけの選抜法は立候補です。「ここに行きたい」という意志があれば、たぶん前向きなときを過ごしてくれると信じているので。あえて買いつけの基準を言うならば、売れそうなものではなくて、本当に自分がいいと思うものを持って帰ってくるようにということでしょうか。帰ってきてから、これは値段を付けて、欲しい方に持って帰っていただこうとか、これはお客さまに売るには値段が高いとか、話し合いつつ、お店に並べていきます。誰が買いつけに行っても、帰ってきてトランクを開けるときは、僕もワクワクしますよ。この人はこんな感じのものが好きだったんだとか、意外な発見がありますから。そういうときに、僕は自分と別の人間と仕事をする楽しみを一段と感じます。選ぶものもセンスも僕ともちろん違うんだけど、共感できるというか。自分ではきっとこういうものは見つけられなかっただろうっていうものを買ってきてくれると、すごく嬉しくなります。

デザインのセンスや好き嫌いは、人間はそれぞれ絶対に異なると思うんです。それはある意味仕方のないことですけれど、決して悪いことではない。むしろそこにこそ、価値があると思います。それを認めていくことは、とても大切なことですよね。

ちょうちょのモチーフは
〝ミナ ペルホネン〟の象徴でもある

旧 minä 白金台店。
2003 年 1 月末に minä perhonen 白金台店としてリニューアル・オープン
東京都港区白金台 5-18-17-3F　TEL：(03)5420-3766

アトリエでの皆川氏。2002 年夏

一　旅行の楽しみ、北欧の魅力

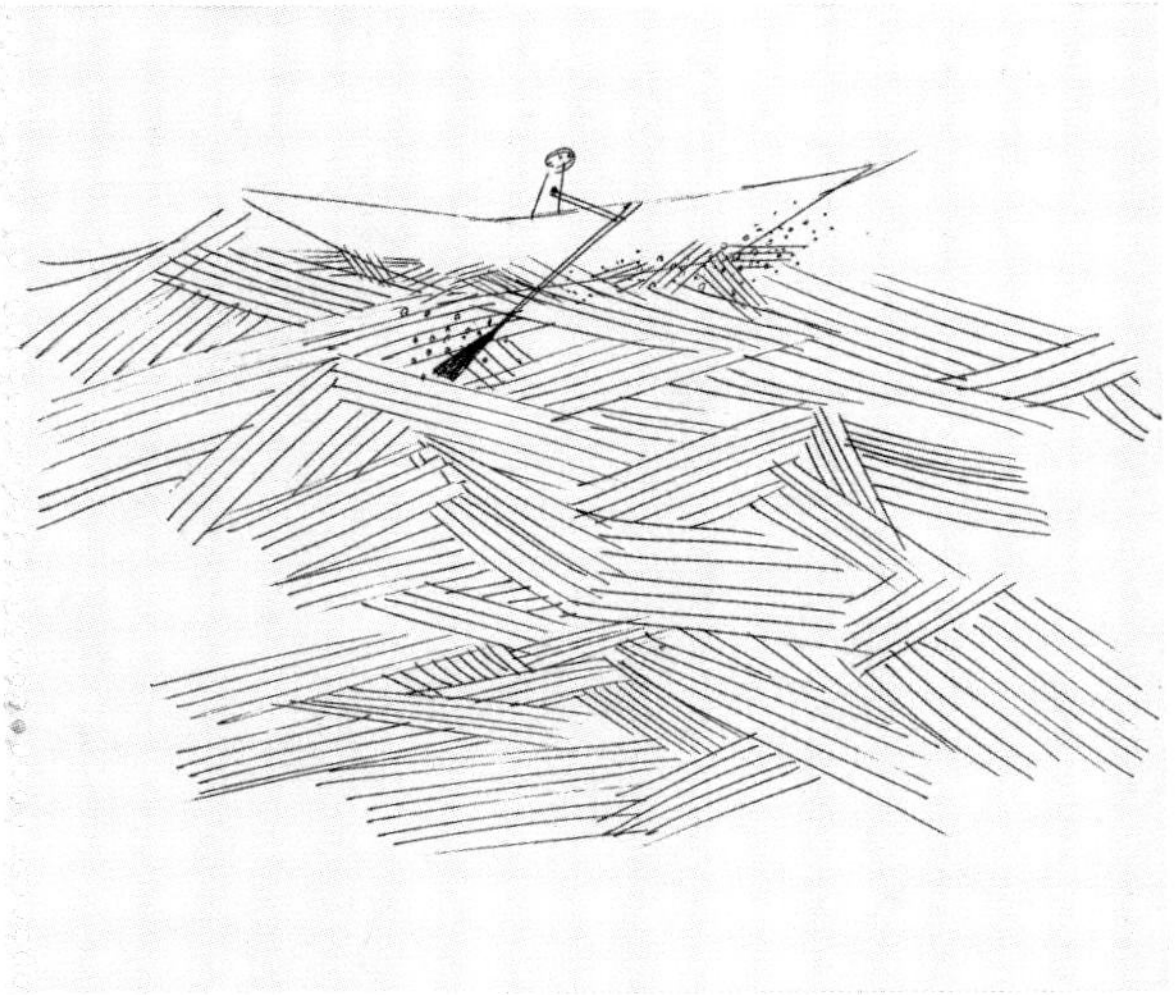

習作

19歳のとき訪れた北欧の写真。ヘルシンキから北極圏までの列車の車中で撮影した子供たちの写真が愛らしい

文化服装学院時代に訪れたヨーロッパ旅行時のエアー・チケット

ミナの 2003 年
Autumn/Winter のワンピース

アトリエでのラフ・スケッチ。
心のおもむくまま描くのが皆川流

ミナのファブリックの卵形のクッション

時間をかけて丁寧に描かれるファブリックの絵柄

造形が美しいオリジナル・ボタン

自分自身と対話できる一人旅

高校を卒業したあとのヨーロッパ旅行が最初の体験でしたが、文化服装学院に通っているときにもあちこち行っているし、旅行は大好きですね。今は特にスポーツなどをやっていないので、趣味といえば、旅行が趣味かもしれません。日常を離れるということが、いちばんのリラックス。今はたいてい年に二度ほど、日本と違う場所に出かけていくことが習慣のようになってますね。

僕にとっての旅行は、毎日繰り返す景色とは違う景色の場所に自分を置くことなんですが、そこでなにか新しい考えが浮かぶかどうかは分からないけれど、日常のなかにいるより視点が変わって浮かぶ可能性が少しは高いと思うので、旅行している時間はとても貴重です。できれば、本当はデザインをする時期は日本にいないほうがいいのかな、とまで思ったりしてしまうんですが、それは現状として無理なので（笑）。視点が変わるという意味では、別の文化を見られるということともう一つ、日本を外側から眺められるという二つの利点があると思っています。別にデザインのアイデアを求めて旅に出るわけではないんですが、外国にいると、自分に対して、ものすごく考えさせられるんですね。旅行に出ると、日本で自分が習慣で使っていたり、やっていたりすることをいっさい排除するわけですから、それだけでもいろいろ考えさせられる。そうすると、また新しいアイデアが湧いてきたりすることもあります。

若い頃はずっと一人で旅行に出かけていました。お金もないので泊まるところはもっぱらユースホステル。あとは一泊1000円くらいのいわゆる安宿か、大学の寮のようなところに泊まっていました。一人で外国にいるときって、なぜか、自分自身と心のなかで対話をしている感じがするんです。もちろん実際には会話はしていないんだけれども、自分が今どう感じているか、思っているかを、常に自分に話しかけている。確認しているわけじゃないんですが、もう一度自分に語りかけてしまうんですね。たぶんそれは言葉の問題もあります。僕は外国語がそれほど得意ではないので、外国に行くと必然的に極端に対外的なコミュニケーションが減るじゃないですか。だから、コミュニケーションが常に自分に向いてくる。そういうときは、自分のことをより理解できるのかもしれません。なので、海外に行ったら一人になる時間は大事にしたいと思っています。でも、最近は一人旅をしていないですね。ただ、ほかの人がいても、実は自分の世界に入っているときもあったりして（笑）。

旅の必需品はカメラだけれど……

僕は旅行中でもかなり早起きで、たいてい7時前後には起きますね。それで朝ご飯を食べるんだけど、ユースに気の合う人がいれば、一緒に朝ご飯を食べに行ったりしたこともありましたね。日中はとにかく歩く、歩く。一人だと本当によく歩くんです。ほとんど交通機関を使わずに散歩をしている気がします。10時間くらい外にいても、なんだかひたすら歩いている（笑）。普段の東京の暮らしだと車を使うことが多いので、旅行に行って久しぶりに自分の足で歩くのは、結構楽しくて。これといって、なにをするでもなく、ダラダラと時間を過ごしていますけど。僕は夜が弱いほうなので、すぐ眠くなって、旅行中も早寝早起きなんです。

旅行の必需品としては、カメラはいつも持ち歩いていますね。特に「写真を撮るぞ！」っていう気構えはないんですが、とりあえず持って歩く。ヨーロッパって、街の看板の動物のモチーフの使い方とかが、非常にユーモアに溢れているんです。そういうものを撮ったり、住所の標識とか石畳の柄とか、いろんなもののパーツに寄った写真など。そういう質感やデザインに興味があるんですね。人の写真はあまり撮らないかもしれません。人を撮ると、どうも緊張してしまうので（笑）。そういえば、19歳のとき、ヘルシンキから北極圏までの列車のなかでフィンランド人の子供たちの写真を撮ったのは憶えていますね。今から15年以上前なので、日本人というかアジア人が珍しかったようで、すごく僕に興味を示して、人なつっこくて。そのときは北極圏にある図書館に毎日通っていました。その図書館にあった一冊の本がとても気になって、コピー機がなかったので、毎日書き写しに行ってたんです。

僕は写真を撮ってきても、現像して、ガサッと箱に入れてしまっておくだけです、ずぼらなので（笑）。アルバムにしたり、きちんと整理したりはできないですね。なにかアイデアを探しているときに、「いついつどこに行った写真にあんなのがあったから、調べよう」ということもしないですし。たまたま写真をひっくり返していて、「あ、これは今考えていることに近い視点だった」、ということはありますけれど。同じように、写真を撮るときに、「これはアイデアになるかもしれない」と思って撮ることはないですね。やっぱり、見たものそのままというのはアイデアにはつながらないです。

マリメッコのなかにある力強さと北欧のライフスタイル

初めて北欧に行ったのは、文化服装学院に通っていた19歳のときです。前の年と同じように再びヨーロッパに旅行に出かけたんですが、そのときはちょっと北欧まで足を伸ばしてみようかなと思って、フィンランドに行ったのが最初だったと思います。もともと、祖父母の輸入家具屋がマリメッコの寝装寝具を扱っていたこともあって、小さい頃からその生地を見て、「素敵だな」という気持ちがあったんですね。

それをもっと見てみたいと思って、フィンランドを選びました。テキスタイルのデザインが素敵だという感覚は、たぶんマリメッコの生地に触れたことで、自分のなかに生まれたものだと思います。フィンランドの街はもちろん素敵でしたが、そのとき特に強くここが好きだとか、何度も訪れたいと思った記憶はないんです。23、4歳になって、何度か北欧に足を運んだあとに、なぜか、また来たい場所だなという気持ちになったんです、なぜだかは本当に分かりませんが。

北欧のデザインの好きなところは、控えめではないところでしょうか。基本的なデザインはとてもシンプルなんですが、力強さも兼ね備えている。たぶん、そこが僕が北欧のデザインに強く惹かれる理由だと思います。例えば、マリメッコの象徴的なファブリックで、大きな赤い花のデザインがあるのですが、バランスに制限がなく、すごく大胆に花を描いているのに、無秩序じゃない、しかもシンプル。ただそぎ落とすのではなく、前向きなシンプルさと言うのが正しいのかな。そこにはすごく共感を覚えますね。僕はどんなものでも力強いデザインが好きなんですが、それは決してデコラティブなのがいいという意味ではないんです。マリメッコのあの布は、付け足し、付け足しで強さを表現するのではなくて、インパクトのある色を使って、単純だけど強く訴えかけてくる赤い花が、白い布の上にあるだけ。すごくシンプルなんだけど、同時に力を持っている。そういう一言で訴えかけてくるようなものがとても好きです。同じヨーロッパでも、パリやロンドンより、北欧にいるときにより多くそういうデザインが見つかる気がします。知性が感じられて、あらゆることに対して許容範囲の広さもある。うまく言えないんですが、「たいがいのことは、まあオッケーじゃないか」みたいな感じとでも言いましょうか。

北欧の人は、プライベートな時間をとても大事にするんですけれど、かといって、かたくなにそれを守るという感じがしないんです。もちろん日本人である僕からすると、結構きっちり仕事とプライベートの線引きをしていると思うんですが、彼らにしてみればそれはあたりまえで、非常にさらっと、無意識のうちに時間のやりくりをこなしているんじゃないかと思います。例えば、北欧では土曜日は午後の3時に閉まるお店が多いんですが、本当に3時ジャストに札をクローズにして、5分後にはもうお店を出てるんですよね。それで、プライベートな時間に突入みたいな。「3時になったらお店を閉めなさい」という決まりがあるというよりは、「土曜日だし、3時だし」みたいな、軽い感じなんです。軽やかなんだけど秩序はあるというか。そういう感覚は、すごくうらやましいし、自分もそうありたいと思いますね。

北欧に行くのは、今の僕にとってはお盆に田舎に行くみたいな感覚に近いのかもしれません。なにをしに行くっていうわけでもないし、目的があるわけではないんですが、なにもしない、一人の時間が取れる場所という感じでしょうか。今となってはすごく身近な場所で、飛行機に乗らないと行けないっていうだけの距離感ですね。北欧では図書館に行ったり、好きなアンティークショップを数軒回ったり。あとはカフェで絵を描きながら、周りの人の様子をなんとなく見ている。それ以外は本当になんにもしない（笑）。でも買い物はします。北欧ではガラスや食器、椅子など、素敵なものにたくさん出会うので、楽しくてついいろいろ買ってしまいますね。北欧って、ファッション誌的なおしゃれな人をあまり見かけないんですが、僕は、おしゃれじゃないんだけどかっこよく見えるっていうのが、究極のスタイリッシュだと思うんです。それはファッションだけじゃなくて、あらゆるもののデザインがそうだと思うんですけれど。実際、北欧にはTシャツとジーンズでもかっこいい雰囲気を持っている人がたくさんいて、すごくスタイリッシュです。確かに日本人に比べれば身体のフォルムは美しいけれど、そういうこととはまた別の、なんとなく素敵できれいな雰囲気を持っていますね。

たまに、「ミナのデザインは北欧っぽい」と言われることがあるのですが、自分では自分のデザインを北欧っぽいと思ったことは一度もないです。何度もフィンランドとかに足を運んではいるんだけれど、たぶんそこで見た北欧的なデザインにインスパイアされているのではなくて、北欧のデザインが持っている個性と同質のものを、僕もたまたま好きなだけだと思うんです。もし僕が北欧に行ったことがなくても、きっと今自分が作っているものと同じようなモチーフを描いて、同じようなデザインをしているんじゃないかな。僕が北欧に何度も通っているから、きっと影響を受けているんだろう、という道筋が結果的にはあとからついてきたのではないでしょうか。

知らないことを〝知る〟体験

北欧は自分にとってはもう田舎か身内の土地みたいなものなので(笑)、最近は別の土地、東欧に目が向いています。まだ一度しか行ったことはないんですが、チェコはすごく楽しかった。だから、ハンガリーやポーランドなど、別の東欧諸国にも行ってみたいと思っています。北欧にはブルーとか白とか、そういう色のイメージがあるんですが、僕が見たチェコのプラハは、茶色と金色のイメージでした。なぜチェコに行ったか？　本当になんとなくです（笑）。

それはミナのお店を始めるにあたっての最初の買いつけの旅行だったんですが、買いつけをするんだったら、行ったことのない場所に行ってみたいと思い、プラハを選んだんですね。なんのイメージも持たず、とりあえず行ってみた、という感じだったんですが、予想以上に素敵なところでしたね。ボヘミアングラスなど、ガラス工芸に深い歴史を持っている地域だと思うのですが、同じガラスでもスウェーデンのそれとは全然違う質感で。スウェーデンのガラスは、シンプルな造形を作ったり、いい絵をガラスの上に描いたという美しさなんですが、チェコは細かい細工の積み重ねで一つの作品を作るという感じです。切り子ですから、細かい線で細かいディテールを作る。同じヨーロッパで、こうも違うものかと驚きました。ギャラリー巡りもしたんですけれど、どこへ行っても版画の作品が多い。多種多様な版画があって、そこで見つけた版画は、ミナのお店にもたくさん飾ってあります。東欧は、おそらくほかのヨーロッパの国とは別の長いときが流れていたんでしょうね。そして今でもまだそういう文化がきちんと残っている気がします。その辺りにもっと行ってみたいですね。

もちろん、勝手知ったる国に行くことも楽しいので、北欧も好きなんですが、知らないからこそ、すごく興味を引かれます。小さい頃は、本当になんにも知らなくて、なにをやっても新鮮で、胸が高鳴るっていう感情があったと思うんですが、大人になるに従って、経験したことに対しては知っているという実績になって、自分のなかに蓄積されていきますよね。知っていることが増えればそのなかだけで暮らしていけるし、もう知らないことはないとまで思う自分がいたり。でも本当は、圧倒的に知らないことのほうが多いんですよね。だからなるべく、知らないことがたくさんある場所に行ってみたいです。知らないことのなかに身を置くと、自分はなにが分からないのかが分かるし、なにかに対して興味が湧いてくる。僕は、やっぱり初めてのことを体験するときの緊張感とか、そういうときにしか出てこない感情とかは、いくつになっても大事だと思うんです。

ミナの社員旅行は自由行動が原則

２００２年の６月に、初めて社員旅行というものを催して、スタッフ全員でフィンランドとスウェーデンに行ってきました。二つの班に分かれて、それぞれ１週間ほどの日程で。以前に一度京都に社員で行ったことはあったんですが、人数もまだ少ない時期で、それほど社員旅行感が濃くなかったので、ある意味、今回が初の社員旅行でしたね。普通、アパレルの社員旅行というと、海外で取引のある工場を視察に行くとか、ニットメーカーだったら中国とかにニット工場を見学に行ったりするらしいんですが、そういうことはいっさいなしで。特にプランもなく、みんな自由行動にして、晩ご飯だけ集まるくらいの感じでした。でも、社員旅行でバラバラに行動することこそ大事だと思ったんですね。僕自身、海外で一人になる時間を大切に思っているし、知らない土地で、自分が行きたいところに行くのがいちばんいい。「さあ次はここですよ」と誰かに連れて行かれるような旅だと、自分の目が動かないと思うんです。だからスタッフにも、それぞれが行きたいところに行くように勧めました。

スウェーデンで、とある美術館に行きたいという人が何人かいたので、みんなで行ってみたんですね。そうしたら、その美術館のそばにすごく小さなクローバー畑のようなところがあって、みんなで四つ葉のクローバー探しをしたんです。いい大人が大勢でしゃがみ込んで必死になって（笑）。みんな結構見つけてましたね。僕もたくさん見つけて、なかには五つ葉のクローバーもありました。それはどう解釈すればいいのか、悩みましたけど（笑）。四つ葉のクローバー探しは、実は僕の得意技で、「重なり合って三つ葉にしか見えないけど、四つ葉じゃないの？」という気持ちで探すと、なぜか見つかるんですよね（笑）。見つけた四つ葉は、全部スタッフにあげてしまったんですけれど。

そんなふうに社員旅行は、結構みんなで青春してます（笑）。そういう些細な時間をスタッフ全員で持てるというのは、幸せな会社だなと思います。あのときの写真を見ると、みんなの顔に普通の嬉しいを越えた特別な嬉しい感情が見えるんですよね。スタッフのみんなが楽しいのか、仕事にやり甲斐を感じているのかどうか、やっぱり自分が起こしたブランドなので、スタッフのことはすごく気になるし、そう思ってもらうことは僕にとってはとても重要なことです。だから、旅行先でみんなの楽しそうな顔を見るのはすごく嬉しかったし、安心しました。社員旅行は会社が〝行かせてあげる〟旅行ではなくて、1年間みんなで一生懸命働いたおかげでできたゆとりで行く旅行です。それは、それぞれが頑張って得た時間だと思っています。

今の仕事のサイクルになってからは、展示会が終わったあとの1、2ヶ月が最も仕事がゆったりしているときなので、6月と12月が旅行のチャンスですね。できれば社員旅行は毎年6月に実施できるのが理想的ですね。北欧に長く行っているときには、ちょっと住みたいと思ったこともありますが、洋服を作る環境としては、日本が僕にとっては最高なんですよね。良いスタッフはいるし、良い工場はあるし。だから、仕事をしているときは日本にいて、たまに旅行で海外に行くことで、今のところは充分満足しているんです。

影響された人たちのこと

レース柄のスケッチ

陸上部の顧問の先生に教えられたこと

そもそもなぜ僕が陸上を始めたかというと、近所に住んでいた従兄弟が陸上をやっていたということがきっかけです。少し年上で、小さい頃からよく一緒に遊んでいた間柄なんですが、彼は一足先に中学に入っていて、全国で何位というレベルで走っていたんです。それを見て、元々小学校では足は遅いほうではなかったので、僕もやりたいなと。その従兄弟が通っていた公立の中学校がすごく陸上の強い学校で、そこは自分の学区外の学校だったんですけれど、そこに入学して毎日片道40分くらいかけて通学してました。その中学は地域では最も強い学校で、みんな全国大会で走っているようなレベルの陸上部でした。入部してみると、僕は全国になんてとても行けないし、県大会というよりは横浜市の大会がいいところというレベルだったんですけれど。でも走るのは楽しいから、長くやっていきたいなとは漠然と思っていたんですね。そうしたら、陸上部の顧問の先生が、「やる気があるなら、長期戦で強くなるようなトレーニングプランを組んでやるぞ」と言ってくれまして、そこから僕の陸上一色の毎日が始まりました。中学校1年のときです。

その先生は昔は競技者で、100m走ではかなり有名な選手だったそうなんですが、まあ厳しい先生でした（笑）。僕は本当に身体が小さかったし、エース級の選手ではなかったんですが、自分なりに頑張って、高校に行っても陸上を続けたいなとは思っていました。そんな僕の気持ちを知った先生が、「もしかしたら将来は良くなるかも知れない」と思ってくれたのかどうかは分かりませんが、そんな理由で応援してくれたのかな、と今となっては思いますね。先の先を見ていらしたというか。当時、僕の身長は150センチもなくて、陸上部にそんな小さい選手はいなかったし、そのうえちょっと貧血気味で、先生は僕の身体のことを心配してくれたのかもしれませんね。

それからの毎日は、朝起きてから寝るまで、やること全てが、とにかく陸上で速く走るためでした。練習はもちろん、食事も睡眠も、顧問の先生が考えたスケジュールに沿って生活をする。顧問の奥さんがお昼のお弁当まで作ってくれていたんですよ。貧血気味だからレバーを入れてくれたり、今から思うと、ちょっと贔屓されてたかなと思うところもありますが（笑）。そうすると、だんだん自分でも陸上のことを中心に考えるようになってきて、タバコを吸ったりすることも、興味がなかったわけではないけれど、走るうえで悪影響だから吸わない、という方向に変わっていくんですね。思春期って、どんな人でも軽くグレたりするものじゃないですか。でも僕にはそれが全くなかったんです。陸上のことをあまりにも考えすぎていて、あるいは考えさせられて、グレる時間なんて全くなかった。「今日はこんな練習をして、夜はこんなことをして……」というようなトレーニングと生活のことを毎日日誌に書かなくてはいけなくて、先生もその日誌に一人ひとりのタイムを記録して、どういう走りで、どこをもっと努力したらいいかをきちんと書いて返してくれていたんです。今思えば、そういう指導が個人的な能力をきちんと伸ばしてくれたと思うし、陸上に集中できたのは、そういう指導があったからだと思います。陸上は上手か下手かというスポーツじゃなくて、速いか遅いかのスポーツです。たぶん、エース級の選手だけ育てるのは簡単だと思うけれど、僕のように練習でも勝てない、試合にも出られない、つまり勝つ喜びを知らない選手を育成するのは難しかったと思うんです。強い人を強くするのは簡単だけど、強くない人たちが続けていけるように、精神的に支えていくのは先生も相当忍耐が必要なはずです。陸上は全てが数字で如実に出るからすごくシビアな競技ですよね。それを一人の顧問の先生が、速い人から遅い人まで全員に同じやる気と好奇心を持ち続けさせるっていうのは、並大抵の指導力じゃできないですよね。

その先生についていちばん記憶に残っているのは、やっぱり怒られたことです。当時は怖くてしょうがなかったけれど、今思えば、今の僕もお手本にしたいほどいい怒り方だったと思う。すごく怖いんですよ。そのときは手も出ました。学校中の噂になるような、超スパルタでしたから（笑）。それでも親身になってくれていたんだと思いますね。絶対に怒られている側の心がぶれないように怒るんです。決して理不尽なことで怒ったりはせず、最終的には、こっちの悪いこと以外は思い当たらないんです。思春期の、ちょっとしたことでよろっといってしまいそうな微妙な時期に、しっかりと生徒の心をつなぎ止めながら厳しいことを言う先生でした。僕のことを思ってあのとき、怒ってくれていたんだということは、後々になってすごく身にしみました。だから、今、新しくミナに入ってきた人を指導するときなどに、お手本にしたいと思うことが多々あります。もちろん当時は先生のそんな気持ちなんて分からないですから、あまりに恐ろしくて、怒られたら怖いからやめよう、という程度の思考回路でしたけれど（笑）。

結局、その顧問の先生が中学2年、3年と担任にもなって、高校での陸上生活を視野に入れながら練習メニューを組むようになっていったんですが、普通の公立中学校の部活だったら、そんなに長期的に考えることはあり得ないですよね。部活の指導をしたからといって特別報酬が出るわけでもないですし。にもかかわらず、僕個人が競技をするためのプランを自分の指導する範囲外、さらにその先まで想像し、指導してくれたというのは、言葉でなにかを教えてもらうよりすごく印象深いし、影響力は強かったですね。今やっていることだけではなく、先にあるなにかのために計画を立てて今を進むという、物事を長い目で見るという考え方を学んだのはその顧問の先生からですね。今、ミナに若いスタッフが増えて、彼らと関わるときに、少し長いスパンで見てみようと思えるのはその影響だと思います。

その先生は、僕らの学年が高校に進学するのと同時に中学の教員をやめて、高校の教員になったんです。それで僕らの学年の長距離の選手は、その先生が入った高校と、もう一つ陸上の強い高校の二つに分かれて進学しました。僕はその先生の高校ではなかったんですが、夏になると合同合宿をしたりで、高校に行っても顔を合わせることはありましたね。

高校の陸上部の顧問もまた元競技者で、また厳しい人でした（笑）。怒るときの怖さも、指導の厳しさもほとんど同じ。僕としても中学でいろいろ蓄えてきたので、いよいよ競技者として伸びる時期で、また伸びたその力を維持しなくてはいけない時期でもあったので、さらに現実的で厳しい指導が待っていました。いよいよ鞭で叩かれる時期が来たなっていう感じ（笑）。走るときのフォームなど、具体的で細かい指導が増えて、毎日イメージトレーニングをしながら、ウエイトトレーニングもやりました。その先生は特別な指導はしてくれなかったので、先生のちょっとしたアドバイスや、先生がやっていることを自分できちんと吸収していかなくてはいけないんだなと思っていましたね。結局、日常のなかに落ちていることをきちんと自分の目で見ることが重要なんだなと。

高校3年の秋に、競技中に骨折をしたことがきっかけで高校卒業と同時に陸上をやめたんですが、それを顧問の先生に言うのはすごくつらかったですね。先生もすごく残念がってくれて、「もっとできるところまでやってみようよ」と言ってくれたんですけど、その先生の厳しい面を見ているから、なおさらそういう言葉を言ってくれるのがつらくて。でも、だからこそ、次になにかをやるのなら、それは長続きさせようと心に誓いましたね。

かなわなかった後輩

陸上は弱いチームのなかで走って1位や2位になっても、その集団の範囲を超えられないという限界があるんです。逆に、僕自身はあまり速くなかったけれど、チームが強かったせいで、自然に引っ張られて強くなっていったのかなと思います。

僕が中2になったときに、一つ年下の後輩で、速い選手が二人入部してきたんです。彼らはすごく速かったんです。もうその時点で全国大会で何位とかそういうレベルでした。二人は幼なじみで、全国大会クラスの決勝ではいつもどっちが勝つかみたいな好敵手でした。マラソンで有名な選手の高校時代の記録を塗り替えていくような選手で、全国的に有名な二人組だったんです。彼らは先輩の僕に対してすごく信頼感を持っていてくれて、高校も僕と同じ学校に進学。彼らとはずっと一緒に練習をしていましたし、すごくいい関係でしたね。まず、彼らの走りを見たときにあまりの脚力の違いに驚いてしまったんです。自分とは全く違う走りなんだけど、真似したら自分も速くなるのかとか、すごくいろんなことを考えさせられました。彼らは筋力はあまりなくて、例えば、腹筋や背筋をやってみると僕らと基本的な体力はそんなに違いはなかった。でも圧倒的に強いバネを持ってるんですよ。だから「トレーニングをしてもかなわない部分もあるんだ」と、生まれながらに持っている能力の差を実感させられたりしました。

彼らはあまりに速かったので、ちゃちなライバル心やねたみはいっさい無かったんです。確かにタイムで勝てなかったけれど、イヤな感じは全然なかった。自分は彼らには勝てないかもしれないけれど、練習すれば差は縮まるかもしれないと思って練習に励みました。あと、彼らがどこまで伸びていくのか、それをサポートしたいと思っていましたね。僕としてもその後輩と走ることで、常に全国レベルの走りを意識してトレーニングができるという面も大きかったし。僕が試合に出て勝ったときも、練習では彼らに負けていたので、有頂天になることもなかったですしね。

長距離走の場合、駅伝というのが一つの最終目標なんです。駅伝は、普段は個人競技である陸上が個人競技でなくなる唯一のときであって、僕にとってもすごく思い出深いものです。自分だけではなく、チームメイトの身体を最高の状態に持っていくためにマッサージをしてあげたり、お互いの精神がリラックスできることを考えたりもしました。駅伝はバレーボールみたいにみんなで同じことを一斉にやるわけではないし、一人ひとりが走ってタスキを繋ぐスポーツなんだけど、やっぱりチームワークは必要なんです。だから、普段はチーム内で勝った負けたというのはあるにせよ、やはり一緒の競技仲間なんですね。振り返ってみると、ライバル心を持たなかったのは不思議な気もしますが、陸上は競争相手に勝っても負けても、自分のなかに〝記録〟という戦う相手がいるわけで、どちらかというとそちらにプライオリティを置いていたかもしれません。陸上は、対自分で考える部分が大きいんです。

駅伝のようなチームワークというものは、今自分がやっているデザインの仕事にも近いかなと思います。みんながデザイナーではないんですが、パタンナーがいて、裁断する人がいて、それぞれが受け持っている場所のモチベーションを高くして、一つのものを作り上げるという。職種はそれぞれですが、お互い影響し合いながら仕事のクオリティを上げて、いいものを作る。それはすごく駅伝に近い。

そのあと、その後輩二人は大学に進んでも競技を続けました。でも高校のときほどは活躍はできなかったみたいです。生身の身体だけで競う競技って、分からないですよね。そこが陸上や水泳の不思議なところで、体型が変わったら急に思い通りに泳げなくなったとか、身体が小さかった人が大きくなったらすごく強くなったとか。高校までの成長過程でトップでも、そのあとずっとトップではいられない場合も多いし、それを守り続けることはかなり難しいことなんです。高橋尚子さんのように実業団に入ってから急に強くなるというパターンもありますしね。でも、そこがまた大きな魅力で、僕は陸上から「諦めなくてもいいんだ」っていうことを学びました。もしかしたら結果は出ないかもしれないけれど、もしかしたら出るかもしれないっていう希望もありますしね。最終的なトップの世界ではどうしても基本的な身体の構造の個体差が大きいようですね。シビアな世界だと思います。

父親の忘れられない言葉

僕の父はサラリーマンで、母は小学校の先生でした。いわゆるデザインの仕事とはまったく無縁で、家庭にそういう雰囲気はまったくなかったですね。今考えてみると、僕が両親とコミュニケーションをあまりうまく取れなくなったのは、小学校のときくらいからだったかもしれません。母も仕事をしていましたし、子供のためにご飯を作るというよりは、「仕事が忙しいから簡単な食事でごめんね」、という感じだったので、小さい頃の家のなかでの時間は密ではなかったかもしれないです。昼間は外で遊んでいて、帰ってきたらご飯食べて寝ちゃうという生活だったので。この間、母と話をしたとき、「あの頃はあんまりコミュニケーションがちゃんとはとれていなかったよね」と言っていたので、それは母も分かっていたのかなと思います。だから、今やっている仕事や仕事の仕方に関して、両親からなにか影響を受けたかといえば、それはほとんどないかもしれません。コミュニケーション下手というのは、実は今でも続いていて、今も親とあまりフランクに接することができないんですね。今も家族と一緒に実家に行くと、なんとなく他人行儀になってしまうし、あまりしゃべらなくなってしまうんですね。これは自分のなかではちょっとしたコンプレックスになっている部分でもあって、自分にはそういう部分があることをかなり長い間感じています。

洋服のデザインをすることを決めたときに、一応父親に話をしたんですが、そのときの父の印象的な言葉があって、「おまえはサラリーマンのほうが向いている」って言われたんです。その言葉に僕はすごく反発して、父は全然、自分のことを理解していないし、その程度の認識しかなかったんだなって思いました。僕も好きなものや興味のあるものを親に見せていなかったし、仕方がないところもありましたが。ただ、そういうふうに言われて、その言葉に対して自分がちゃんと答えを出せるのかということは、確実に一つのハードルではありました。洋服の世界で中途半端な結果しか出せなかったら、父にまた「やっぱりおまえはサラリーマンが向いているんだ」という言葉を言われてしまうことになる。それは聞きたくない。僕が今やっている仕事は一見あやふやで不確かだけど、しっかり続けて、父が定年するときには、父が会社に40年勤め上げたように僕も何十年も続けていきますと言いたいですね。

　自分が幼いとき、母が着ていた服から今のデザインに影響を受けたということも、たぶんないと思います。ただ、子供の頃、当時自分の周りに景色のように存在した大人の洋服はすごくよく覚えているんです。それが小学校だったか保育園だったかは定かじゃないんですが、今でも一つ鮮明に残っている記憶があって、青いブラウスに赤いスカートを着ている女の人がいて、「青と赤できれいだなあ」と、通り過ぎる女の人を見ながら思ったのを覚えています。それ以外でも大人の洋服の色やデザイン、アセテートのシュルっとした質感が好きだったことを感覚的に覚えているんです。

　先日、フィンランドで買った椅子が家に届いたんですが、それを部屋に置いたら、2歳の娘がばーっと走ってきて、「これは私の椅子ね」と言って、座るんです。「これは私の椅子、絨毯の色と一緒だね」って。その椅子は茶色と白のボーダーで、確かに絨毯に合うなと思って買ったんですが、それを感覚的に捉えて言うんです。娘は朝食のときもその椅子で食べるというし、本当に気に入ったみたいで、「こっちの椅子はパパの、これは私の」と、占領しているので、2歳の子供にも好きなテイストとか美意識があるんだな、と驚きました。そういう娘を見ていたら、昔の自分もそうだったのかなと思いました。

尊敬するデザイナーから見える自分の未来

友人として、デザイナーとして、すごく尊敬をしているのが、「YAB-YUM」のパトリック・ライアンです。20歳のときに、偶然、友人のパーティに同席して、そこで知り合ってよく一緒に遊ぶようになりました。陸上部の後輩同様、出会ったときから、パトリックも常に僕の前を走っている人でしたね。20歳の頃、僕は文化服装学院の夜間に通っていましたが、パトリックはもうデザイナーとしてイギリスから来日して、就職しに来たわけだから、最初の時点でプロと学生っていう差がまずありましたね。年齢も三つか四つ彼のほうが上だったので、彼がそのときやっているることが、僕も3、4年後にできているといいなっていう漠然とした短期的な目標になりました。彼とはデザインのテクニックの問題や様々なことに対する考え方の問題について、いろんな話をするようになったのですが、僕は、パトリックがデザイナーとしてどこが優れているかは客観的にはうまく言えないけれど、出会った頃から自分よりいいデザインをしているなと思っていました。でも、自分には彼とは違う個性がきっとあるはずだから、その個性が見つかったらもうちょっといいものができるに違いない、と。彼の造形的で彫刻的な力というのはすばらしいと思います。彼が立体を作り出すときの造形力は、僕のファブリックを作るときのモチーフに対する想像力と同じように、本当にものすごいエネルギーを感じます。

パトリックと僕は、お互いに自分のブランドを立ち上げた時期が重なっていたこともあって、一緒に考えたり、悩んだりしましたね。自分のブランドを立ち上げるということは、デザイナーとして今ある環境を一度捨てないとできないことです。自分のデザインで勝負するとしたら、勤めていた企業をやめなくてはいけないし、いざバックグラウンドがなくなったところで、本当に自分のデザインだけでやっていけるのかという不安もある。そこで、はじめて組織のなかにいたということが実感できるし、自分のブランドのデザイナーと、企業内デザイナーの違いがはっきり分かる。そういうことを同じ時期に体験しているということもあるから、パトリックには特別な感情があるのかもしれないです。ブランドを立ち上げる前に一緒にエキシビションもやりました。彼の服と僕の服を一緒にコーディネートして、ボディに着せたりしました。

パトリックとは、ここ数年は、年に1、2時間も話す時間が持てていないかもしれない。でも僕のなかでは時間というのはあんまり関係なくて、パトリックのことはいつも考えているし、いい仕事をしているなと、遠くからいつも眺めています。話がしたいとか、会いたいとか、思わないわけじゃないですが、会わなくても常に存在を意識している特別な存在ですね。

いつかやってみたいことがあって、コラボレーションというわけではないんですが、僕が洋服を作るのをやめるであろう最後の最後のときに、僕が作ったファブリックを使って、パトリックのカッティングで服を作ってみたいんです。彼の造形力と、自分なりに納得のいくファブリックを合わせてみたい。それは、僕にとっての最後のお楽しみ。将来に取っておきたいことですね。

この間ロンドンに行ったとき、イタリアのインダストリアル・デザイナーのジオ・ポンティの展覧会が開催されていて、もともと好きなデザイナーだったんですが、その展覧会で作品のオリジナルを見て、改めて感動しました。あと、ル・コルビュジエ、ヤコブセンも同じように尊敬しているデザイナーなんですが、彼らのデザインに対するアプローチは本当にすばらしいと思います。できあがったもの、デザインされたものは誰にでも理解できるものだけれど、それを生み出す力は彼らにしかない特別なもので、その力こそがデザイナーにとっていちばん大事なものだと思うんです。誰でも想像できて、誰でも理解できるものではなくて、生まれるまで誰にも分からないけれど、できあがったものは誰でも共感できるというデザインにこそ価値がある。そういうデザインをル・コルビュジエとジオ・ポンティは表現したと思うんです。ル・コルビュジエが作った建物は、美しい形で住みたいなと思う人は本当にたくさんいるけれど、きっと彼以外は作れなかったと思う。

ロンドンに行ったときに、日帰りでパリにも行ったんですが、ヴィンテージの古着屋さんに、パリ在住30年の方に連れて行ってもらう機会がありました。そこでバレンシアガのオートクチュールの古着を見せてもらったんです。バレンシアガ本人が作っていた頃の服です。確かにある意味きれいなただのドレスなんですが、そこに彼にしかできない、見たことのないカッティングを発見したんです。オートクチュールは高価なファブリックを使っていたり、高級な装飾品が付いているから価値があるんじゃなくて、その服にしかないカッティングが考えられているからこそ価値があるんですよね。そこに強いクリエイションを感じて、僕はオートクチュールに対する考え方が変わりました。そのラインを見ていると、いつ誰が、どんな体型をした人が着ていたのかとか、想像力がすごく膨らみました。僕もオートクチュールをやってみたくなったけれど、今の僕だったら、何年かに一つ、自分らしいカッティングが見つかればいい。カッティングの可能性は、きっともっともっとあるし、そういうものを見つける方向で仕事をして行きたいと、少し考えさせられましたね。

デザインや芸術において、なにがいちばん大切なことかというと、見た目のきれいなフォルムのなかにその人でなければ生み出せない美しさがあることなんですね。自分が目指したいのもそういうデザイナーです。すでにあるスタイルではなくて、そのデザイナーにしか生み出せない造形を作りたい。例えばル・コルビュジエって聞いたときに思い浮かぶ、彼の作るものの漠然としたイメージやバランスがあるように、人がミナの名前を聞いてあるイメージが浮かぶようになるまでにはきっと何十年もかかるんだとも思います。僕はまだいろんなアプローチを試している時期だと思うんですが、今はそういうスタイルにたどり着くまでの途中段階なんです。

今のミナ、これからのミナ

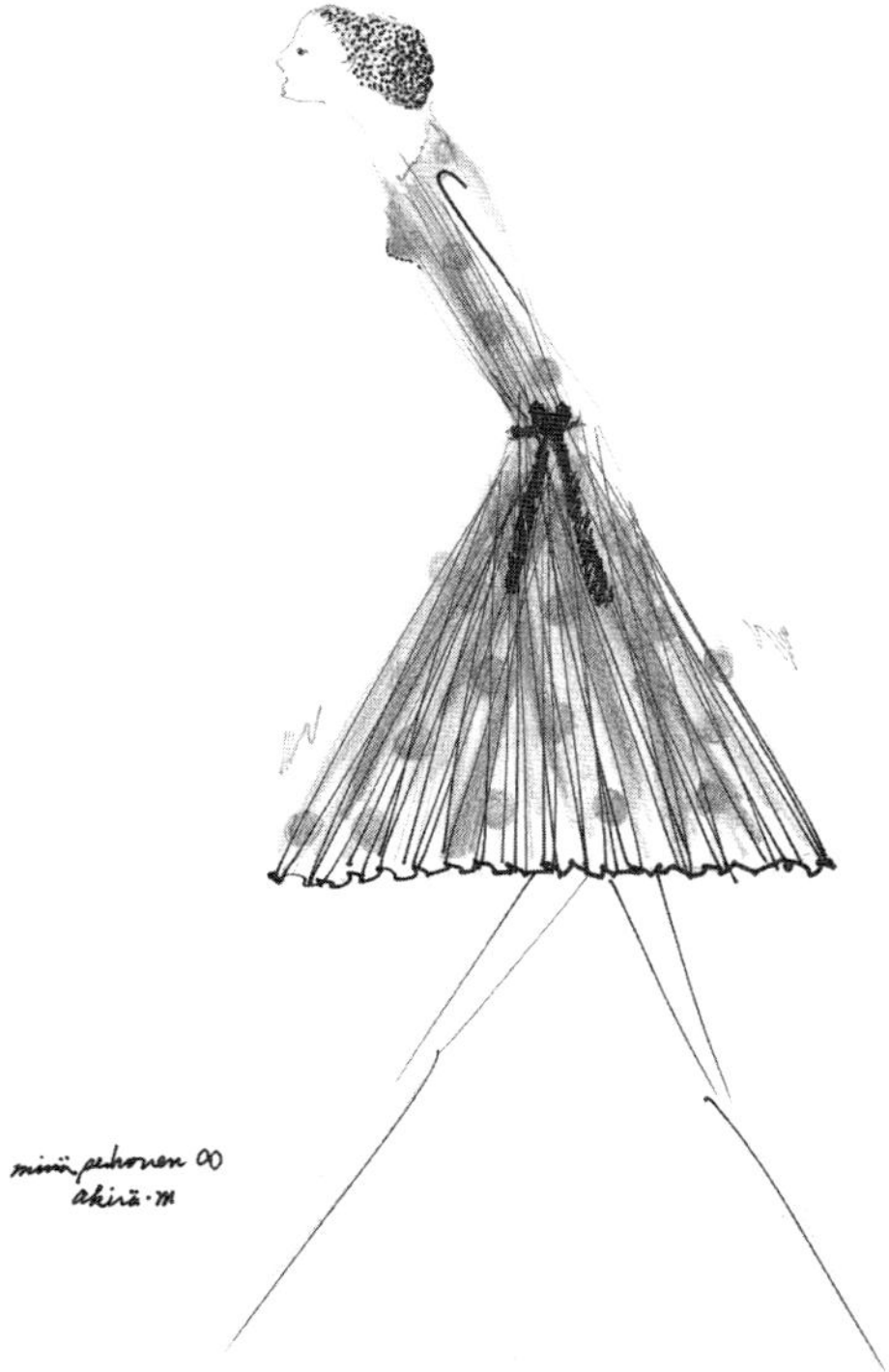

デザイン画

ミナの由来と意味するもの

ブランド名のミナとはフィンランド語で〝自分〟という意味の言葉なんです。ブランドを始めるにあたって、自分が愛着を持っている場所の言葉から選ぼうかな、と漠然と思っていて、それで、ミナを始める前に何度も足を運んだことがあるフィンランドの言葉からとりました。まず、フィンランド観光局へ行って辞書を買って、ぱらぱらと眺めていたんです。そうしたら、一人称の自分という意味のところに〝ミナ〟って書いてあったんですね。もちろん皆川のミナにもひっかかっているから、そういう意味でもいいなとは思ったし、女性らしい名前ということにも惹かれました。フィンランドの人たちは自分のことをしゃべるときには、「ミナ、なんとかかんとか……」と話すんですよ。それが、「私は……」という意味になるんです。

アルファベットでミナを書くと、〝minä〟です。うちのロゴにはアルファベットの上に点々がたくさん並んでいますよね。あれは自分という人格のなかにもいろいろな面があるということを表現したかったから付けたんです。それは多重人格ということではなくて、一人の人間のなかにもいろいろな個性があるということなんです。人は会う相手によって微妙に人格が変わったりするじゃないですか。例えば、昔、僕は学校にいるときに比べて、あまり家にいるのが好きじゃなくて、学校ではものすごくしゃべるし明るいんだけど、家が近づくにつれて無口になる自分がいて、家が見えるとスイッチが入ったみたいに、無口な自分になっていく。それが自分でも不思議で面白かったんです。本当に家に入ると極端に言葉が出てこなくなるんですよ（笑）。やっぱり僕も年齢が上がるにつれ、親とあまりうまくいかなかったりもしたので。友達といるときのテンションと、親といるときのテンションが、明らかに違うんですよね。なんで自分は外側の要因でこんなに変わるんだろうと思いつつ、それを楽しんでいました。でも学校にいるときの自分も、家にいるときの自分も、どっちも自分であることには違いないんですよね。だから、ミナの洋服もそういうふうに着こなして欲しいんです。一人の人のなかにあるたくさんの個性のどこかで、ミナの服を着てもらえれば嬉しいです。いつもミナが好きで、常にミナの服を着ているっていうよりも、こういうシチュエーションのときはミナを着るっていうのが、僕はいちばん嬉しいかもしれない。〝minä〟のロゴの点々には、そういう思いが込められているんです。

僕は、外見はおとなしくてとてもコンサバティブな印象なのに、実はものすごくロックが好きだったり、現代アートのパンチが効いたような作品が好きだとか、外見と中身のギャップが激しい人が魅力的だと思うし、惹かれるんですね。「ミナの服を着る人はどんな人が理想ですか?」と聞かれることが多いんですが、外見はある意味全然関係なくて、性格と外側のギャップがある人が理想です。例えば、片耳に赤ペンをはさんでいても、性格がとてもロマンティックだったりするのは魅力的だと思います。そういう外側と内側のギャップについては、自分の作る服に対しても常に考えていますね。

クオリティを保つ新しい方程式

ブランドを作って、お店ができてという、今のミナを見た場合、「こぢんまりしているね」、と言ってくださる方もいれば、「大きくなっちゃったね」と感じる方もいらっしゃると思います。僕の尺度からすると、すごく小さいことは小さい。じゃあ大きくしたいかっていうと、それはまた微妙な問題で、物量的な大きさを指して大きくなりたいとはそれほど思いません。僕が思うのは、大きい小さいに関わらず、人がいいと思ってくれるデザインを作り続けたいということだけです。よく会社が大きくなったり、規模が拡大していくと、デザインがぼやけて、ブランドのイメージが薄くなるという言い方をする人がいますが、エルメスだったりクリスチャン・ディオールだったり、あるいはルイ・ヴィトンというような大きなブランドは、日本のどのアパレルよりもビジネス的にたぶん大きいと思うんですが、同時に日本のどの企業より、きちんとクリエイションをしていると思うんですね。だからそれを見ると、大きくなるとデザインがぼやけるという方程式は当てはまらないということとがよく分かる。でも日本の人は、そういう方程式があると思いこんでいるし、その思いこみによって、ファッションの世界にすごく閉塞感が出てきてしまう。「ブランドイメージが薄くなってしまう」とか、「イメージを保つことのほうが大事だ」とか。確かにブランドを始めた頃に比べて、いろいろな評価をされるポジションになってきたなとは自分でも思います。ブランドのことを認知している方が増えて、いろんなお店に置いてもらえるようになりました。でもそれによって、「ミナのイメージが壊れるんじゃないの？」という声もたくさんいただくんですね。やっぱり、周りの心配もこれまでのファッションの方程式に則ったものが多くて。

でも本当は、形がいいか悪いかっていうことのほうが大事だし、いいと言ってくれる人の手元に、確実に届くようにすることがいちばん大事だと思うんです。ブランド側の都合で、マーケットを拡大するという方法ではなく、欲しい人がいるから、見たいと思ってくれる人がいるから、という理由で拡大していくことは理にかなっていることだと思います。今は決して規模は大きくないし、生産している洋服の枚数も少ないので、このクオリティを保っていられるのかもしれないんですが、このクオリティのままで枚数を増やしても、もの作りのスタンスが変わらない方法があるのならば、僕はそっちの方法をとりたいですね。その一方で、「でもそうなったら、私だけのブランドじゃなくなってしまう、寂しい」という声もあるのは事実です。でも、僕としてはそういう声と、「本当は着たいのに買えない」という声だったら、後者に耳を傾けるべきだと思うんですね。確かにどっちも正論のように聞こえるから、間違いやすいのですが、これまでの方程式ではないやり方で、それは可能だと思うんです。そういう気持ちはきっと日本の外にもあると思うので、日本というエリアに限定せずに、日本でミナを好きだと言ってくださる方の意見の延長として、ほかの国の人にも見ていただける環境を持てれば素敵だなと思います。

ミナらしさに囚われない冒険心

最近は自分では、〝ミナらしさ〟というところが少しひっかかるところでもあったりするんです。例えば、最近はモチーフを描くということに慎重になっています。それは自分のなかに原因があるというよりも、外からの要因があるというか。以前は動物のモチーフが好きで、特に意識もせずにたくさん描いていたんですが、僕が言うのも変なんですけれど、それを今やってしまうとある意味とても〝ミナらしい〟ことだと思うんです。でもそれは自分の内側から見た〝ミナらしさ〟なのか、外側から見た〝ミナらしさ〟なのかということですよね。どうやら聞くところによると、洋服のテイストを意味する言葉で「ミナっぽい」なんていう言い方もあるとかないとか（笑）。僕としてはそういうところにはあまり近づきたくないですね。むしろ遠ざかりたい。例えば、ミナに似ている洋服を作っている人は、きっとミナがなかったら別のことを考えているはずなのに、それはとてももったいないと思う。無意識のうちにミナっぽいと思われてしまう服を作っている人も、本当の個性は別のところにあるはずなんです。僕はそうはなりたくないと思っているから、自分がこの仕事をしている限り、あまりファッション的なデザインには近寄らないようには意識していますね。〝ミナっぽい〟と呼ばれるようなジャンルがあることは、周りからも言われますし、僕はその本人なので、見れば違いを言えるんですが、表層的にそういう状況になっていることを目にすると、不快感を感じるというより、むしろ自分がそのなかに入ってしまったら意味はないから、そこから距離を置いて、別のクセであったり別の個性を出そうと思いますね。動物をモチーフとして使うということも、ある意味スタイルとして確立されたと思うので、今はちょっと距離を置こうかなという気持ちです。まあ、そういうブームみたいなものはいずれ去るし、自分のなかにはいつもあるものだから、またそういう気持ちになったらやろうかなっていう感じですね。

そういうことも含めて、今はたくさん間違いを犯す時期というか、失敗もするべき時期かなと思います。失敗しそうだなっていうぎりぎりのところくらいまでならなんでもやるという気持ちでいますね。明らかにこれはやる意味がないということには挑戦しないけれど、やる意味はあるけれど失敗しそうというところまでは挑戦するというスタンスですね。「それはミナらしくない」とか、「そんなことをしちゃって大丈夫？」とか、ごく近しい人に言われることも増えてきたんですが、「それが自分でも分からないから、とりあえずやってみる。それでダメだったらもうやらない」っていう感じです。たぶん、長く続いているブランドも、そこまでくるのにたくさんの失敗をしていると思うし、失敗しないようにするっていうことは、過去の成功したデータに基づいて進んでいくということだから、それでは結局過去のスタイルをなぞるだけになってしまう。僕はそういうやり方はしたくないんです。

評価やトレンドとは別の意識と意志の持ち方

今、幸せなことにミナはすごく評価されている時期だと思うんですね。でも同じスタンスでやっていても、評価されない時期っていうのは絶対にあるだろうし、長く続けていくうえでは、そういう波があるのは仕方がないし、むしろあったほうがいい。どちらにしろ、海の上にいるように、そのときの風や波に乗っかるしかないんですよね。だから、外側からどう評価されようが、本当のところはもうどうでもいいやっていう気持ちもあって。「ミナっていいよね」っていう風が吹いて、それが極端に強くなったときには、自分たちがなにも意識していなくても、「ミナがトレンドだ」っていう嵐に変わることもある。その反面、「もうミナはダサい」という逆風が吹くこともあるでしょう。常に自分はこれがいいと思って出しても、結果がダメなときもあるし、それも自然なことでしょう。トレンド、トレンドって日本ではすごく言いますが、デザイナーがトレンドを探す必要はないと思うし、自分も着る人と同じ時間を生きているわけだから、そんなに大きくずれることはないだろうとは思っているんです。僕はずれる、ずれないという瞬間的な力でデザインをしているわけではないし、なるべく長い時間を共感してもらいたいという気持ちでもの作りをしているつもりです。だから、まあ、ずれてもいいです（笑）。それはそれです。

みなさんの声や評価という部分とは別に、ビジネス的な部分での波もあります。例えば、雑誌にミナをたくさん掲載してもらっても、「もう見飽きた」って言われて載らなくなるとします。そうするとミナのことをあんまりみなさんが知らなくなるということがありますよね。でもそれはすごく細かいことで、それを気にしてもきりがない。どこのお店にも洋服を置けなかったときの自分と、今の自分が変わったかと言われれば、数年しか経っていないので、ほとんど変わっていないと思います。外側の状況が変わっていくのはあたりまえだから、なんと言われようとも、同じスタンスで洋服を作り続けていく力を持っていたいと思いますね。

これは洋服だけじゃなくて、他のことをしてもたぶん同じでしょう。どんなことをしても、やっている自分の意識と外野のギャップは絶対にある。大切なのは、その波のなかでいかに長く続けていくか、ということじゃないでしょうか。ミナは、もともとそんなにいい環境で始まったわけではないし、自分も服作りが上手だったわけでもないから、それを考えればどんな環境もありだと思うんですね。もちろん今と昔では、いろいろ経験を積んでいるので、以前よりは表現が多少は上手になったかもしれないですけれど、基本的な作り方や考え方はなにも変わっていないので、外側の世界や評価が変わったとしても、もともと持っている考え方でやり通すしかないんですよね。外側からの影響や誰かの考え方や方法をミナに持ちこんでしまったら、それでは僕やミナが作る意義がなくなってしまう。デザインというのは、いろんな考え方、いろんな個性を持っている人がいるからこそ面白いんだと思うんです。選択肢がたくさんあることに意味がある。それを支持する数が膨らんだりしぼんだりするのは、ある意味自然現象みたいなものでしょう。

ここまで、自分の判断だけで進んでこられて、僕はよかったと思います。なにか問題が目の前に立ちふさがったとき、解決策を前例から見つけることは、したくてもできなかったし、固定観念に縛られずにやってこれたことはある意味幸せなことだったと思う。答えというのは人それぞれ違うもので、それぞれのやり方に、それぞれの形や答えがある。洋服はこう作って、こういう売り方をしなくてはいけません、という方程式があるほうがおかしい。自分の洋服なんですから、自分が思う通りにやっていくしかないんですよね。

100年後に存在するために

今後は、少しずつ日本以外の国でも自分のデザインを見せていけたらと思っています。いちばんやってみたいと思う場所は、ロンドンですね。ロンドンの人の生活は、すごく選択肢の広いなかからそれぞれが好きなデザインを選んでいる感じがするし、それがすごく素敵だなと思ったので、僕もその選択肢の一つになれたらいいなと思っています。例えば、北欧の生活って「こんな感じ」という枠がある程度見えてしまうんですが、ロンドンにはそういう決まったスタイルが見えなくて、それぞれが個人のスタイルを持っている気がします。だからそこで僕の作品を選んでもらいたいし、そういう人はきっといるように思えます。

実は、以前、ロンドンのセレクトショップのようなところにミナの洋服を置かせてもらっていたことがあるんですが、そのお店がなくなってしまって、今はまったく関わりがないんです。現実問題として、洋服はサイズの問題があるので、ファブリックや僕のデザインをニュートラルな状態で見せられるとしたら、それは小物かなと思っています。あと洋服は、やはり値段が高くなってしまうという問題もあります。あまり値段が上がってしまうと、日本で買うときの気持ちとは変わってしまいますよね。僕は日本でつける値段がちょうどいいと思っているので、それより50％高くなってしまうとすると、その価値に見合う服作りをしなければいけない。それって結構難しいことですよね。

僕は、ミナを本当に長く続けたいと思っているんです。今は100年後に向けての準備期間だと考えて、毎日を過ごしてます。数年の波やいろいろな出来事も、100年単位で考えれば大したことじゃない。縫製にしろ、生地を織る工場にしろ、いい環境を整えることがミナの初代デザイナーとしての務めだと思っているし、それが完璧に整ったら、僕の仕事は終わりだと思っています。その環境を整えるためには、いいデザインを今やらないといけない。最初のデザイナーである僕は100年のうちのだいたい3分の1の、30年くらいをやって、次のデザイナーに変わって、また次のデザイナーに……と、駅伝のようなイメージでミナが続いていけばいい。

陸上をやっていたからそういう発想になってしまうのかもしれないけど（笑）。ブランドを始める前から〝駅伝方式〟のことは考えていたので、自分の名前をブランド名にはするのはやめようと思ってました。それをしてしまうと、次の人がその名前を背負わなくてはいけなくなってしまうから。次の代の人はその人のミナをやればいいと思うんです。

先のことを考えて、100年のうちの30年だけだと思うと、本当に気が楽ですよ（笑）。準備はここまでやりました、次の人は頑張ってくださいね、という感じで終われるでしょう？　僕自身は結論を出さなくていいというか。でも、いつの代の人も結論を出す必要はないと思います。100年経ったら次の100年、またその次の100年と、どんどん続けていけばいいだけ。実際、海外に目を向ければ100年以上続くファッションメーカーやブランドって、いっぱいありますよね。最終的にミナが手に入れて欲しいと思うのは、長く続けているということに裏打ちされた信頼感なんですね。エルメスが持っているそれには、僕が数年やったところで、とうてい太刀打ちできないものがある。だから最低でも100年かかってあたりまえだと思っています。

仕事だから自分を出してほしい

次にどんな人がミナに来るか？　楽しみですよね。僕は日本でいいものを作りたいという意識はあるんですが、クリエイションは日本人でなくてはいけない、とは考えてないんです。どこの国の人でも、同じスタンスが持てる人だったらいいし、アトリエにいろんな国の人がいるのは面白いことだし、そうなったらもっと会社が楽しくなる（笑）。2年ほど前に、ドイツからテキスタイルデザイナー志望の学生の女の子が二人、研修に来たことがあって、一緒に工場見学に行ったりして、すごく楽しかった。工場に寝泊まりしたり、僕の家にホームステイしたりして。その経験があるので、いろんな国の人たちと仕事をするのは面白いだろうなという気持ちが生まれました。特別な技能や才能を持っているということではなくて、文化が違うということに興味がありますね。今のミナの規模だとまだまだそういうことまでは自由にできないので、外国人のスタッフはいないんですが、機会があれば、ぜひ一緒に仕事をしてみたいです。

今のミナは、スタッフそれぞれが、それぞれの足で歩いている感じがします。僕はデザイナーだから、みんなに「行き先はこっちですよ」と指示は出すけれど、それは行く方向だけ。あとはそこを目指して、みんながそれぞれ歩いていく。スタッフだけじゃなくて、染め屋さんも生地屋さんも、縫製工場も、全員同じ方向へ歩いていく。みんな歩く方法は違うけれど、方法はどうでもいいんですね。最終的に全員が目的地に辿り着くことができれば。僕の使命は、行き先が楽しいところかどうかをきちんと選ぶことでしょうか。ツアーコンダクターに近いかもしれませんね。厳しくないツアーコンダクター（笑）。あまりクレームが来ないように、行き先はかなりしっかり選んでいるつもりです。まだミナの旅に慣れていない人も多いので、どこに行っても新鮮みたいで、クレームや要望はほとんどないんですが、今後なにか思うところがあれば、「そっちの方向はもう楽しくないよ」と、どんどん言って欲しいです。やっぱりチームのなかで、自分がやりたいことをはっきり意思表示できないのは良くないですし、仕事といっても生活の一部だから、そこで自分が楽しくない状況でいるのは、望ましくないですからね。仕事だから自分を殺すのではなく、仕事だから自分を出して欲しい。だから、どんどん自分でいろいろやってくれるスタッフが好きですね。僕はあまり口出しはしません。もちろん考えは伝えたうえで、任せたほうがいい人にはなにも言わないし、まだ教えたほうがいい人には、教えつつ。ゆくゆくは全員に任せられるようになったらいいですよね。あ、でもそうなったら、ツアーコンダクターは必要なくなってしまうのかな？（笑）

デンマークに〝ヨレ〟という一人乗りの漁船があるんです。大きな漁船に乗るようになる前に、若い漁師はヨレに乗って近海に出て、漁の練習をするんですね。それに慣れてきたら、いよいよ大型漁船で遠洋漁業に出る。そうして年をとってきたら、またヨレに戻るんです。今度は自分の体力の範囲で、近海で自分のために魚を捕る。

仕事に対して、僕はこのヨレをイメージすることがあります。僕は一人でミナを始めて、今はようやく何人かが乗れる船になった。今は、たぶん遠い海に出ようとしているときなのかもしれないです。遠い将来、僕はまた自分から船を下りて、また一人でやるかもしれない。ミナはその船で、僕も漁師の一人だということですね。

文庫版付録　その後のミナ

アイデアスケッチより

漁船から客船へ

この本の単行本が出たのは2003年でしたから、およそ10年の月日が経ちました。あの頃のミナは、何人かが乗れる漁船だとしたら、いまは客船に近いイメージでしょうか。スタッフの規模もこの10年で20人から70人になりましたし、さまざまな海外メーカーとのコラボレーションが多くなりました。ミナでクリエイションを担当しているスタッフ数は昔とほとんど変わりないのですが、いわばサービス部門の人数が大きく増え、お客さんと一緒に世界を航海している感覚です。

振り返ってみると、とりわけ印象深いコラボレーションは、デンマークのkvadrat

（クヴァドラ）社とのテキスタイル制作でした（２００６年から発売）。僕はデンマークには19歳のときに行っていますが、ヤコブセン、ウェグナー、フィン・ユールらの、ハイレベルで親しみやすい家具デザインには深い敬意をもっています。日本人の感性と相通じるものがありますし、ロングライフなモノ作りの姿勢にも共感します。もともとはインテリアショップのアクタスに紹介されたのがきっかけだったのですが、ミナの刺繍は、彼らからみたときにとても面白いテクニックだったようです。たとえば、「tambourine（タンバリン）」は、球のひとつひとつが不均一で、い意味で不完全です。日本の焼き物には、不完全なところに景色を見るところがありますが、そういう美意識を説明し、僕らのテキスタイルのよさとして気に入ってもらえたと思います。そのニュアンスを表現するのが海外の大量生産型の工場では難しくて、最終的には日本で生産をしましたが。

不完全な美しさを表現するには、一朝一夕ではできない、長い蓄積が必要です。僕がものの不完全さにこだわってきたのは、より命をもっているような物質にしたいからです。命は不完全なものだし、それが生きている証拠だから。ただし、手抜きの不完全ではなく、やりきったうえでにじみ出てくる不完全さ――そこの線引きは絶対にあると思います。

日本には、柳宗悦の民藝運動のような思想もあります。僕はそれほど詳しいわけではありませんが、「用」を一番重要なものとして、人が心地よく使っているものに美が宿るという考え方は、本質的でいいなと思います。「用」を追求していって、人の仕草を想像して、使っているさまをよい状態とする。生活のなかで使われるものには、ある種の美しさを形として持たざるを得ないというのは面白い道理だと思います。

美しい所作についてくる「もの」は必然的に美しくならざるを得ないのでしょう。服の形もまた仕草を誘導します。ミナ ペルホネンは主に婦人服なので、女性のもっている体形的な要素や仕草に関しては、すごく意識しています。僕は、纏っている服に意識がいったり、無頓着でいられたりという気持ちの振り幅がほしいと思っているんです。つねに着ていることを意識するような服ではなく、そこからふと離れてゆったり過ごせるような服——。

ものの形って、整いすぎないある種の不完全さを宿していたほうが愛着も湧く。そういう僕たちの価値観は、海外でも少しずつ受け入れられてきました。自分がデザインしたkvadrat社のテキスタイルも、北欧家具のように長い寿命で生産し続けられたらいいなと思っています。

様々なコラボレーション

２００4年からパリでも展示会を行ってきたのは、自分たちのもの作りの姿勢が違う文化圏ではどう映るのだろう、受け入れられるのだろうかという興味からです。ミナ ペルホネンが国内で浸透してきたので、そろそろ知らない土地で、毎シーズンいろんな壁を乗り越えていく体験をもっておかないと、僕たちのなかでチャレンジする気持ちが足りなくなるんじゃないかという危機感もありました。仕事が慣れになってしまうことが一番、自分たちを小さくしたり、価値を低めてしまうことですから。人間の身体でいったら、毎日ウエイトトレーニングしていても、同じメニューだったら筋肉が刺激を感じなくなるでしょう。どんなに一つのことが充実した仕事でも、それがルーティーンになるとマンネリに陥ってしまう。新しい挑戦をしながら、経験値として守るべきものは守っていくこと、この二つの気持ちが仕事には必要なんだと思います。

国際的に活躍するダンサーの安藤洋子さんと初のコラボレーションが実現したのもこの頃でした。僕はモデルの特別なプロポーションで服を見せるのではなく、日常にある身体で発表したいなと思っていましたから、すばらしいショーとなりました。安藤さんはもちろんダンサーとしてとびぬけた動きの美しさがありますが、日常の体がもっている動きをランダムに表現してくれたので、服が主体ではなく、〝人が服を着たら楽しい〟という表現になりました。

実は安藤さんとは高校時代からの友人なんですが、彼女は幼少からクラシックバレエをしていたわけではなく、10代後半からダンスに興味を持って、ザ・フォーサイス・カンパニーを中心に活躍しています。いわゆるバレエ団からコンテンポラリーに流れたダンサーたちとは全くちがう生い立ちと、踊りのとらえ方をしているんですね。僕もいわゆるデザイナーズブランドやアパレルの会社に就職した経験がない。縫製工場という特異なルートをたどって独立しているので、いわゆるセオリー通りの仕事への就き方でないところが共通していて、お互い刺激になっています。

アンティーク家具店や家電メーカーとのコラボを行ったり、大竹伸朗さんとT

シャツを作ったりと、他のジャンルの方々との交流も広がっていきました。ちょっと変わったところでは、フランスのピエール・エルメ・パリのパッケージデザインをしたことや、フィンランドの家具ブランドartek（アルテック）からミナの生地張りをしたスツールを発売したことでしょうか。イギリスのテキスタイルメーカーLIBERTY（リバティ）へデザインを提供し、オリジナルのコレクションを展開もしました。まさに、ミナ ペルホネンという船が、大洋に出て旅をするようになったのです。

もうひとつのエポックメイキングな出来事としては、２００９年にオランダで個展が実現したことでしょうか。もともとオランダのテキスタイル・ミュージアムで学生やプロのデザイナーを相手に3日間のワークショップをしたのがきっかけで、「エキシビションをぜひしてほしい」という話になりました。壁に、ミナ ペルホネンの生地を張ったヤコブセンデザインの「スワンチェア」を配置したりと、楽しい展示となりましたね。テキスタイルでこんなに多様な表現ができるんだと、とても興味深く感じてくれました。

テキスタイル・ミュージアムという環境はいずれ日本にぜひ作ってほしいとも思

います。プロも学生も試作できて、それをサポートする技術スタッフがいて、展示会も開催されるような、産業が活性化する場があるべきだと思います。展覧会を機に、その後オランダの美大の学生をインターンシップで受け入れたりもしました。

その翌年、青山のスパイラルガーデンでミナ ペルホネン15周年を記念して、「進行中」という展覧会を開きました。スパイラルの25周年とも重なっていたのですが、このときのテーマが〝en〟。もの作りは、いくら技術のみや経済力があっても、ものとして完成させる人同士のご縁がなかったら、形になりません。技術をもっている方に自分たちの想像力を説明し、それを互いが理解し、ひとつのものの価値に変換していく共同作業には、厚い信頼関係と意欲が必要です。とくに神奈川レースの佐藤敏博さんとは20年以上のお付き合いになりますが、毎シーズン当たり前のようにできてしまっていることも、長い間の蓄積がなかったらとうていできないことばかりです。

一緒にご飯を食べて、「僕らは佐藤さんがいなかったら、いまのような表現はできないです」と感謝を伝えると、佐藤さんも「自分が毎シーズン新しい柄に挑戦できるのはミナがあるので」という（笑）。互いの仕事のなかで互いに人生の充実を得ています。あらためてもの作りにはプロセスごとに長い人間関係があることを実感した展覧会でした。

循環するためには終わらないといけない

ミナの新たな試みとしては、2005年から子供服のラインを作っています。子供の頃の服って、自分で選択したものではなくて与えられたものです。選択できない記憶の部分だとしたら、そこに与えられるものが創造に満ちていたら、子供たちの将来にもいい影響があるのではないかという願いもありました。3、4歳の記憶って、意外に残っていて、さわり心地のようなものを覚えていたりしませんか。ミナを買ってくださる人のなかには、昔自分が買った服を娘さんに継いでと、親子二代にわたって着てくださっている方もいます。親から子へと手渡されていくような循環はひとつの理想ですね。そんな僕たちの射程距離の長いスタンスは、海外でも徐々に根付いてきました。

この10年を振り返ってみて、僕たちが海外に提示した新しいコレクションのあり方は、決してセンセーショナルなものではなく、ささやかな試みでした。ファッションの場合、数シーズンやっただけでは、「それはひとつのアイデアだよね」で終わってしまう。ファッション業界における大量消費、大量破棄には強い懸念を持っています。10年、20年と続けてこそ、ブランドの哲学、自分たちのもの作りの思いが伝わるものだと思います。

僕はいま、自分が一番やろうとしてきたことをあまり摩擦がなくやりきれる状態になったという思いと同時に、この先どうやって終わっていくかを考えはじめています。ミナ ペルホネンが長く続くためには、自分自身をきちんと閉じなくてはいけない。次の世代が続いていかない。命と同じで、循環するためには終わらないといけない。音でいったら、サクソフォンが鳴り響く感覚ですね。自分のなかに溜まったことをひとつの塊にしてマックスで発散していく強いエネルギーを感じると同時に、曲の終わりへの想像がつきはじめました。

クリエイションの現場では、様々な音が聞こえてきました。「tambourine（タンバリン）」のデザインを作っていたときは、耳を澄まさないと聞こえてこないような、打楽器の音でした。「choucho（チョウチョ）」では口笛のような小さな音楽でしたし、

「forest parade（フォレスト パレード）」は描いていくうちにどんどん全体像が見えてきて、様々なモチーフが一斉に奏でるオーケストラのような音楽になっていきました。

実際にデザインを考えるときは何となくの気分で曲をかけています。イギリスの古いリュートの曲のこともあれば、二階堂和美さんのボーカルだったり、グレン・グールドのピアノ曲だったりします。けっこう大きな音でかけて、外の世界と遮断して、気持ちをのせて図案を描きますね。デザインのなかにも音のゆらぎのようなものを宿したいと常に思っているんです。音楽のような波、心地よいゆらぎを込めたいと。

自分の人生を超えて続いていくものを作りたいという目的は、自分がどう終わるかを考えなければ達成できないものです。それは生命の営みによく似ていると思います。ミナ ペルホネンという船の旅をどう引き継いでいくか——、今それを探りはじめているんです。

時間をかけて達成する

対談　松浦弥太郎×皆川 明

売れたときの喜び

松浦　僕は実は、電車に乗るのが嫌いなわけじゃないんだけど、電車のなかの風景っていうのが、殺風景で嫌いなんですね。楊枝をくわえたおじさんがいたり、化粧をしている女子高生がいたり。

皆川　僕も最近は電車はあんまり乗らないですねえ。家から職場に来るのも、車で来ることが多いので。

松浦　でもたまに、乗っているときにふわっといい風が吹く瞬間ってありませんか？

皆川　それってどんなときですか？

松浦　この間、東横線に乗っているとき、まさにそんな瞬間があって。それでふっと見たら、なんていうのかな、健やかな感じの、25歳くらいのお母さんがいて、赤ちゃんを抱いて乗っていたんですよ。それで、よーく見てみたら、ミナのワンピースを着ていたんです、その女性が。

皆川　わあ、すごく嬉しい！（笑）

松浦　それで、「ああ、皆川さんのところの服だなあ」と思って、ぼーっと見てたんですね。そうしたら、赤ちゃんがお母さんの肩のところに口をつけて、甘えて生地を口に入れているんですよ。なんだか食べているみたいな。

皆川　ああ、分かる、赤ちゃんってそういうことしますよね。うちの子もやっていた。

松浦　その景色が、すごくよくて。皆川さんの作った生地で、それを食べている赤ちゃんがいるんだなーって。その絵を、皆川さんが見たら喜ぶだろうなあって思って、僕まですごくいい気持ちになりました。

皆川　ときどき、街で自分の作った服を着ていてくれる人を見かけますけれど、なんだろうなぁ、嬉しいような、ちょっと気恥ずかしいような。嬉しいんですけどね（笑）。

松浦　着ている人を見かけると、どんな気持ちになりますか？

皆川　最初の頃は、追っかけたいくらいの気持ちでしたよ（笑）。実際に追っかけて、といっても、相手が逃げるほど追いかけたりはしませんけれど（笑）、本当に自分が作った服を着ていてくれるのか、回り込んで確かめに行ったりして。

松浦　僕もTシャツを作って売ったりしたときに、街でそれを着ていてくれる人を見て、ビックリしたりしましたよ。でもすごく嬉しくて、思わず「ありがとうございます！」って声をかけたい気持ちを抑えるのが大変で（笑）。僕の友達でも、洋服を作っている人はみんなそう言いますね。自分が作ったものを人が着ているのを見ることほど嬉しいことはないと思うな。

皆川　うん、お店で買っていただくところを見るのも嬉しいんですけれど、もしかしたらそれより嬉しいかもしれない。

松浦 ブランドを始めて、最初に洋服が売れたときのことって覚えてますか？

皆川 はい、覚えてますね。僕の場合は知り合いが買ってくれたのが最初だったので、見ず知らずの方ではなかったんですが。それでも最初の年は1年で何十枚かしか売れなくて。当時は一つ一つ自分で縫っていたので、売れたときは本当に嬉しかったですね。

松浦 僕も古本屋を始めたばかりのときに、自分が買いつけてきた本を買ってくれたお客さんのことはいまだに覚えてます。最初の頃の買いつけなんて、思い入れのある本ばっかりじゃないですか。だからこそ、誰が買ってくれたのかすごくよく覚えてる。

皆川 そういえば、この間スイスのジュネーブで、古本屋に入ったんですよ。そこでミロの画集のような本を見つけて。お店の方がすごく大事にしていらっしゃるような雰囲気の本だったんですけれど、でもまあ値段がついていたから買うことができたんです。それで、僕が「これを買いたい」という話をしたら、お店の人たちがひとしきり集まってきて、みんなでもう一度最初から本を見返すんですよ。

松浦 ああ、すごくよく分かる。大事にしていた本はお客さんに売る前に、もう一度見ようっていう気になりますよ。「ごめんなさい、最後にもう一度見せて」って（笑）。

皆川 そうそう、そういう感じで見ていて。「これはすごくうちの本屋で大事にしていた本なんですよ」って言うんですね。僕はそれを聞いて、嬉しくなりましたよ。

松浦 きっと洋服も同じなんだと思いますよ。

できるだけ人と接したいと思いますね。全員に手渡しで売るのは無理だけど、どんな人が買ってくれたのか、できるだけ、自分で見たいと思いますね。

皆川　そうですね。だから僕も、アトリエとお店を隣にしたいという気持ちがあるのかもしれないですね。

〝駅伝方式〟の継続性

松浦　今の話もそうなんですが、皆川さんが陸上をやっていたことや、仕事に対するスタンスをうかがって、なんかすごく僕と似ているところが多いなあと（笑）。

皆川　あ、そうですか。例えばどんなところにそれを感じましたか？

松浦　物事を長いスタンスで見るという話には、ものすごく共感しました。

皆川　ああ、そういうことって、職種に限らずあるのかもしれないですね。

松浦　実は、今日ここに来る前に、キャサリン・ハムネット・ロンドンのデザイナーの方にお会いして、お話を聞く時間があったんですよ。

皆川　僕もこの間、ロンドンに行ったときに彼女のお店に行ったんですよ。最近リニューアルしたみたいで、すごくいいショップだと思う。

松浦　彼女はファッション業界で洋服を作っていますけれど、社会問題なんかにも取り組んでいるのはご存じですか？

皆川　ええ、知ってます。ずっと長い間取り組んでいらっしゃいますよね。

松浦　そうそう。メッセージTシャツのはしりも彼女だし、ライフワークとしてやっているんですね。最近は、綿花の問題に取り組んでいるそうで、綿花ってほとんどが第三世界で作られていて、それを育てるために使われている殺虫剤が、ものすごく毒素が強くて人害がひどいんだそうです。それで、年間何万人もの人が亡くなっているって、おっしゃっていて。

皆川　何万人ですか……。

松浦　そのくらい有毒で、考えられないほど過酷な労働環境だそうです。彼女はその状況をなんとかしなくちゃいけないと、運動をしているんです。綿花と洋服はとても深い関係があって、自分たちが関わっていることだから、きちんとしなくてはいけない、と。

皆川　それで、洋服と環境問題を考えてらっしゃるっていうことなんですね。

松浦　そう。でも強烈なエコロジストという感じではなくて、社会問題を、ごく自然に自分たちの問題として取り組んでいらっしゃるのが、すごくいいなと感じました。その話を彼女としながら、そういえば皆川さんも「生地のことをもっと知らなくてはいけない」と言っていたなと思って、それを思い出しました。そこで彼女が強く言っていたことが、やっぱり持続性なんですね。なにをやるにしても持続性を持たせなければいけないと。社会問題に取り組むのでも、単発的なプロジェクトはいくらでもできるけれど、それを長く続けていくことが大事だし、最も難しい。

皆川　うん、全くその通りですね。やることは違えども、姿勢としてはそうですね。

松浦　どんなジャンルにおいても、みんなが大事にしなくちゃいけないことやスタンスって、共通していると思うんです。その継続性でいうと、僕も新しく開いた本屋に関して、この本屋を次の代の人に渡すということを、考えました。目標をざっくり考えてみたら、すでに130年くらいのプロジェクトになっていて、とても僕一人には手に負えないや、と（笑）。

皆川　そうなんですよ。僕らができるとしても、たぶん長くてあと30年くらいなんですよね。それではとても本当の意味での理想には近づけないから、じゃあ次の代で、ということになる。

松浦　150年先にあることを考えて膨らむ夢と、2年後に見える成功と、どっちを目標にするかによって、発想が変わりますよね。

皆川　やることが変わりますよね。目標の位置がちょっと先か、ずっと先かによって。

松浦　僕はずっとエム・アンド・カンパニー＝松浦弥太郎だったんだけど、それがその本屋くらいから変わりましたね。自分で所有するというより、つなげていきたいという気持ち。なにがいちばん嬉しいかって、自分が始めたお店やなにかが残ること。違う形になろうとも、誰かが続けてくれるっていうことがいちばん嬉しいんじゃないかなあ。

皆川　そういうスタンスは、本屋でも洋服屋でも、なんでも同じなんですよね。

松浦　だから、皆川さん言うところの〝駅伝方式〟が、いろんなところに広がればいいと思うんですよ。政治とかも、今自分たちが生きている世のなかのことだけ考えてやってるじゃないですか。そういうことが変われば、もっと全体的に良くなるんじゃないかな、と。

皆川　松浦さんも、もしかしてなにかスポーツをやっていらっしゃいましたか？　学生時代に。

松浦　実は僕は、小学校から中学校までは柔道、高校はラグビーをやっていました。だから皆川さんの言う、〝ちょっと頑張ったところで結果はすぐには出ないけれど、時間をかけて達成させるものだ〟という価値観は、すごくよく分かる。

皆川　ああやっぱり。そんな気がします。

松浦　学生時代にスポーツをやっていると、忍耐力がつくと思うんです。それが今になって案外と役立ってるんですね。最近若い学生さんと話すときに感じることがあって、なんだかみんな近道を探すんですよね。早く結果が知りたくて、明日にでもどうにかなりたい、と。でも、それってやっぱり難しいんだけど、スポーツを通してある程度努力をすれば必ず結果が出るっていうのを知っていると、焦らないですよね、僕はスポーツで自己マネージメント力はついたなと思う。

皆川　うん、やっぱり陸上をやっていたことは、僕にとってもすごく大きいですね。僕も小学校のとき、柔道やってましたよ。

松浦　そうなんですか！　僕は自分のおじいさんに強引に連れて行かれたんですよ、道場に。始めて半年くらいは変な運動ばっかりで、全然面白くなくて。

皆川　押さえ込まれたときの練習とか、受身ですよね。最初はやりましたね。

松浦　イヤだったんですけどねぇ、柔道(笑)。でも中学校に入った頃は、週に3軒の道場に通うほど夢中になったんですよ。一応これでも、黒帯なんです(笑)。で、ある程度のところまでいくと、突き詰めたくなるんですよね。練習やトレーニングが勉強のようになってくるというか。スポーツなんだけど、「あ、理論だな」、と思うようになったんです。

皆川　そう。体力的なしんどさのなかで研究が進むと、「もしかしたら強くなるのって体力じゃないのかも?」と気づいたりするんですよね。単純な話ですが、走るのって腕と足を交互に動かしますよね。足で走っているようで、腕で走っているという面もあるんだ、と。それに気づくと、どんどんいろんなことに目がいくようになって、体力的なこととは少し違う領域に入っていく。

松浦　スポーツって最終的には、自分で自分に合う方法論を見つけなくちゃいけないじゃないですか。こうなりたいから、じゃあどうすればいいのか、なにを勉強すればいいのか。一見クリエイティブな仕事とスポーツは遠いように思うけれど、結構近い気もする。

皆川　そう。仕事もなんだかんだ言って、自己管理がいちばん大事なんですよ。

自分に問う「どうする?」

松浦　あともう一つ共通点があって、皆川さんは最初、魚市場でアルバイトをしていたじゃないですか。僕もエム・アンド・カンパニーを始めたときは、週に4日は建築現場でアルバイトしていたんですよ。どっちもある意味肉体派労働ですよね。

皆川　そうですね。でも、あまりにかけ離れた職種であるからゆえに、意外とどっちにも集中できたりしませんか?

松浦　ええ。この3日間は本屋のこと、それ以外は建築現場の仕事というように集中できましたね。今思うと、この方法は自分に合っていたと思います。可能であれば、今もその方法を取り入れたいくらい（笑）。建築の仕事も全然イヤイヤやっていたわけじゃないし、むしろちょっと楽しかったくらい。目的意識がしっかりあれば、二つの職種をもっているのもいいことですよね。

皆川　市場で働いているときには、そこで本当にいろんなアイデアをもらったっていうこともありました。例えば魚市場の裸電球の照明がすごく素敵だったので、そのライティングを自分のエキシビションに取り入れたり、それこそあさりの柄もそうでした。意外と気づかないこととか知らないことがあって、それが新鮮でした。

松浦　僕は仕事以外に趣味がないんですよ。遊ぶのが下手というか。お酒も飲めないし、外で騒ぐこともできない。そういうことができない人だから、汗をかいて発散しているほうが向いているのかもしれないなぁ。

皆川　僕も趣味がないんですよ。陸上をやっているときは生活が陸上になっちゃうし、洋服を始めたときには、手を怪我したら怖いからスキーをやめたりもしました。本当に、そのときやっていること、それだけになっちゃう。だからさっき弥太郎さんが言ったように、洋服の仕事と全然違うことをやりたいですねぇ。

松浦　ねぇ。実際やるとなると難しいんだけど。時間があったら、なにしたいですか？

皆川　やりたいこと……？　すごくいっぱいあるんだけど、カヌーに乗りたい（笑）。今まで経験したことがないことで、ゼロからなにかを覚えるっていうことをしたいな。

松浦　それが僕にとってはギターだったんです。音楽の成績は本当に最低だったんだけど、ずっとギターを弾けたらいいなぁって思っていたので。2年くらい前に思いきって始めました。全然できなかったんですけどね。

皆川　全然できないことをやるっていうのがいいんですよ。

松浦　そう。進歩は遅いんだけど、毎日やってますよ。ゆっくりうまくなればいいかなって。おじいさんになる頃に、上手に弾ければいいかなと。全然経験していないことをするっていう意味では、旅行に行ったときもそれに近い感覚ってないですか？

皆川　ありますねえ。初めて行く旅先って、緊張の連続なんですよね。バスとか地下鉄とか、勝手が分からないからなかなか乗れないし（笑）。だから結局歩いてしまう。

松浦　言葉が分からないと、いきなりその街に飛び込めないですもんね。ゆっくり歩いて、観察するんですよ。どうやって切符を買うのかから始まって、乗り方、降り方とか。この齢になっても、旅先で切符を買うのは緊張する（笑）。

皆川　僕は行き詰まってくると、公園に行きがちになります、旅先では。

松浦　ああ、それが僕は本屋だったんですよ。アメリカにいても英語もろくにできないから、人とは話はできない。それで時間をつぶせるところっていうのは本屋しかなかったんですね。でも、旅行先でのあのドキドキ感、大好きなんです。毎日の生活のなかでは、あんまり困るってことがないじゃないですか。でも旅先では、しょっちゅう困る。で、どうしようって思うと、自分のなかでなにかのスイッチが入るんですよ。「さあ、自分は？」っていう声が聞こえてくる（笑）。

皆川　分かる（笑）。心のなかで、「さあ、自分は？」って解説するんですよね。

松浦　「どうする？　どうする？　どうしたらいいんだ、俺は?!」って。頭のなかをフル回転させて、いちばんベストな方法を探し出して、心のなかで「こうだな（ニヤリ）」みたいな（笑）。

皆川　なにか問題やトラブルが起こったら、もっと良くするためにはどうしようって、すごく考えますよね。それで「あ、ひらめいた！」っていう瞬間がすごく嬉しい。一人で頭のなかで、「こうしたらいいんじゃない？だってこうなるじゃん！」とか自問自答したりして。

松浦　もの作りでも、そういうことが繰り返されてできあがったものが、面白いものなんですよね。

皆川　失敗と成功って、最初に想定したものと結果が違うからといって失敗とは言えないじゃないですか。それがあってこそ、良くなると思う部分もあるし。

松浦　机に座っていてはトラブルにもあわない。失敗にはびくびくしちゃいけないですよね。

皆川　僕が仕事のことを考えるときにいつも浮かぶ映像があるんです。それは水泳の鈴木大地さんのバサロスタートの映像なんです。スタートして、みんなが早く浮き上がっているのに、一人だけバサロで進んでいる、あのオリンピックの映像。あれがすごく自分ぽいなぁと思うんです。姿は見えているのに、水に潜っている時間が長いという。水面に出ていないのに止まっているわけじゃない。もちろんバサロが速いから潜っているんだとは思うんだけど。それって、僕がなにかをしているとき、うまくいっていないからといっても、水面下では動いているんだぞ、ということと同じ。それが僕のやり方なんですよね。

松浦　僕は試験の時、「始め！」って言われても、一息ついて落ち着かないと始められない。急にスタートするというスピードが合わないんです。すごくスロースターターなんです。自分に合った速度を見つけることって、すごく大事ですよね。

175　対談　松浦弥太郎×皆川 明

あとがき

こうやって僕は今、服を作る仕事を続けています。

服に限らず、ものの形は人の考えや、通ってきた時間の表れだと思います。だから僕の頭に浮かびくる形は、今まで僕が体験した人生の形なんだと思います。これからの時間も僕は服を作っていきたいし、服の形や表現を通して自分自身を見つめていきたい。

これからの minä は、minä perhonen（ミナ ペルホネン）という名前に変わります。ペルホネン（ちょうちょ）の羽のようにたくさんの形やファブリックを作っていきたいという願いからです。どうぞよろしくお願いします。

そして、この本を通じて松浦弥太郎さんといろいろなお話ができ、いくつか共通点があったことを嬉しく思いました。同世代で素敵な生き方をしている人に会うと心強くなります。この出会いは、これからの僕にとって大切なものになる予感がしています。本のタイトルは松浦さんが僕への感想として書いてくれた言葉を使わせていただきました。

最後に、この本を読んでいただいた皆様に、これからたくさんの出会いと印象的な時間がありますことを願っております。

二〇〇三年　　　　皆川　明

解説

辻村深月

ミナ ペルホネンのオリジナルファブリックの一つに「yuki-no-hi（雪の日）」という作品がある。

等間隔に並ぶ電柱と、その上に降る雪。電柱を繋ぐ電線は緩やかにカーブをつけて冬の空にどこかはずむようで、小さな鳥が上にぽつぽつと身を寄せている。見た瞬間に「うわぁ」と心が浮き立つのがわかった。この光景を知っていると思ったのだ。まだ小学生の頃、雪の降る道を集団登校して、寒さに手袋の中でぎゅっと手を握り、ただ早く学校に着かないかなぁと空を見ていたあの日のことを思い出す。子供だった私は、その日の空を美しいともきれいだとも思わなかった。けれど、過ぎ去ったはずの光景は、密かに心の底で息づいていて、ミナ ペルホネンの一着のワンピースの上で、懐かしさとともに再構成された。その時私は、図々しいこと覚悟でこう思ったのだ。これは、私のために作ってもらったワンピースだと。

もちろん、そんなことがあるはずはない。けれど、ミナ ペルホネンを愛する多くの人が、そんなふうに、皆川さんに幸福に勘違いさせてもらってミナを着ているのではないかな、と思う。どのファブリックに惹かれるのかは人それぞれだけど、惹かれた瞬間、その人の中できっと弾ける光景や音楽があって、それが合致した瞬間に、その服を身につけたいという気持ちに駆られる。

本書『ミナを着て旅に出よう』は、そんな服を届けるミナ ペルホネンのデザイナー皆川明さんが、ブランド誕生までの軌跡と、ご自身のものづくりへの真摯な姿勢を端正な言葉で綴った、小さな宝物のような一冊だ。

この本の中で、皆川さんは「クリエイションの現場では、様々な音が聞こえてきました」と書いている。「tambourine（タンバリン）」のときは、耳をすまさないと聞こえてこないような打楽器の音、「choucho（チョウチョ）」では口笛のような小さな音楽。
ミナ ペルホネンの洋服を見ていて、服それ自体が内側から歌っているようだな、と思ったことが何度もあるけれど、ああ、それはこういうことだったのか、と読んでいくうち、どんどん腑に落ちる。そこで聞こえる音楽は、作り手の皆川さんが聞いた音と、それを見る人が聞きたいものとが合わさり、重なってできている音楽なのだ。それは決して押しつけがましくなく、着る人の数だけ音楽に幅があって、各自が勝手に楽しむ自由を、私たちに許してくれる。着る人の想像力を信じてくれている、とでも言ったらいいだろうか。

ファブリックのデザインは、実際にあるものをそのままモチーフにするということはほぼありませんね。(42P)

たとえば、「tambourine(タンバリン)」は、球のひとつひとつが不均一で、いい意味で不完全です。日本の焼き物には、不完全なところに景色を見るところがありますが、そういう美意識を説明し、僕らのテキスタイルのよさとして気に

入ってもらえたと思います。(152P)

本書を読むことは、そうしたファブリックのデザインがどこから来るのかを知る旅に出るようなもの、という感覚が一番近い。

皆川さんが、昔長距離の選手だったこと、魚市場のマグロの値段から何を見ていたのかということ、北欧の旅、洋服作りの現場やブランドにおける自分の役割を駅伝に喩えること、各章ごと、皆川さんの言葉で運ばれる場所で見える景色のどれもが、今のミナ ペルホネンに繋がっている。皆川さんのものづくりに対する姿勢や見方、仕事のスタイルは、ファンだけでなく、多くの人にとっても示唆に富んだ内容であると思うから、ぜひ、いろんな人に知ってほしい。こういう考え方を持ってそれを実際に形にしている人がいると思うと、それだけで少し、勇気と元気が湧いてくる。

中でも、私が感銘を受けたのは、皆川さんの「今は100年後に向けての準備期間」という言葉だ。あるいは、「自分の人生を超えて続いていくものを作りたい」という言葉。

それを聞いて、私の中で、また一つの光景が弾けた。

先日、テレビ番組に皆川さんが出演されているのを偶然見かけた時のことだ。うちの2歳になる子供が突然、テレビの前で立ち上がり、「かーか！　かーか！」と一生懸命に画面を指さし始めた。え？　と思って、画面を見ると、私が持っているのと同じミナの「bird（バード）」の、形違いのワンピースが皆川さんの作品として紹介され、映っていた。

私はびっくりした。確かによく着ているものだが、それがこんなにも深く子供の記憶に残っているとは思わなかったのだ。

「本当だ、かーかのワンピースだね」と呼びかけると、子供は自慢気に胸を張り、「うん。かーか」とこくりと頷いた。その時に、私は言葉にできないくらい、深く、デザインの力について思い知り、感じ入ってしまった。うちの子にとって、そのワンピースは、おそらく自分の母親そのもので、私の顔を思い出すのと同じくらい鮮明に胸に思い浮かべられるものなのだろう。

考えてみれば、私もそうだった。大人になった今も、目を閉じれば、若かった頃の父が羽織ったクタクタのジャケットや、母の着ていたエプロンを、その染みの位置まで鮮明に思い出せる。今でも、似た色合いのものを見れば、「あ、あの時のお父さんの服と同じような色だ」と親しみを持つ。
ミナは、2005年から子供服のラインを作っているが、そこに託された皆川さんの思いを今回読むことができて、とても幸せな気持ちになった。

子供の頃の服って、自分で選択したものではなくて与えられたものです。選択できない記憶の部分だとしたら、そこに与えられるものが創造に満ちていたら、子供たちの将来にもいい影響があるのではないかという願いもありました。（ー58P）

子供はおそらく、限られた世界を生きるからこそ、自分の目に見える範囲の景色に、ものすごく濃密な記憶の線を引いている。自分の家のこの場所にはこの椅子があって、この色の絨毯があって、自分のコートはこんな手触りで、お母さんはこんな服を着た人、というように。うちの子の記憶の中で、自分が「ミナを着たお母さん」として記憶されるのだとしたら、こんなに嬉しいことはない。

皆川さんが、「自分の人生を超え」、「100年後にも存在する」ミナ ペルホネンを見据えてくれるということは、この子が大きくなった時にも、そのファブリックを見て、記憶の中の母親を思い出すことができるという、そういう約束を見据えてくれるということなのだと思う。

これはおそらくうちだけの光景ではなくて、ミナを着る多くの人にとって、ミナ ペルホネンはそういう存在なのだ。皆川さんは、自分のブランドから旅立つ服や小物それぞれが、こうしたささやかな物語に彩られながら長く使われることを理解した上で、ミナが100年後にも愛されるための仕事を、今している。そのことが、本書から強く伝わる。

序文で、松浦弥太郎さんが、ミナのセーターについて、こんな具体的な想像を書いている。

ブリュッセルとはいわずとも、サンフランシスコの一階が古本屋で、上がホテルになっている安宿あたりで、1週間くらい寝ても覚めても着たままで過ごしてみたら、いい感じに毛玉ができあがって、自分の体のかたちに沿うように伸び切

って、ドーナツのカスや、芝生の芝がいつまでもくっついているような感じにな
ってさ、いいと思うのです。（9P）

名文だ。これがまさに、ミナ ペルホネンの魅力であり、服を愛する、ということだと思う。流行に左右されない服を、長く大事に着る。一緒に年を取っていく。

今回、私のもとにこの解説の依頼があったときに、担当の編集者から「辻村さんがミナを着ていると何人かから聞いたので」と言われた。他にもきっとミナを愛し、書きたい、と思う人がたくさんいるであろう中、お声をかけてくださったことに感謝しながら、今、私は「yuki-no-hi」のワンピースを着て、この文章を書いている。

ミナのファブリックが紹介されているとき、私はまず、そのファブリック名を見る。ちょっとわくわくしながら、とりあえず、名前だけを見る。「go!（ゴー！）」、「friend（フレンド）」、「float（フロート）」、「skyful（スカイフル）」、「merci（メルシー）」、「start（スタート）」、「alive（アライヴ）」……。どの柄にどんな名前がつけられているのかを見ると、そこに皆川さんが向けた目線が見えてきて、「なるほどなぁ」と勝手に、そこに物語を読み取って頷く。この瞬間が大好きだというのが、私がミナ ペルホ

ネンを着たいと思う大きな理由の一つかもしれない。その後、どうしてそう名付けられたのかの説明を読むと、私が思った通りである場合もあるし、まったく違っているときもある。だけど、違っているとそのギャップもまた楽しく、それだけで、人にそのことを話したくなる。

ひとつひとつのデザインの向こうに、本書に書かれた皆川さんの言葉を想像しながら、100年先までのミナ ペルホネンを追いかけられることを、同時代に生きるファンの一人として光栄に思う。

これからも、とても楽しみにしている。

（作家）

監修　松浦弥太郎
構成　河野友紀
本文写真　馬場わかな
本文イラスト　皆川　明
単行本　二〇〇三年二月　DAI-X出版刊

文春文庫

ミナを着《き》て旅《たび》に出《で》よう

定価はカバーに
表示してあります

2014年3月10日　第1刷
2024年5月25日　第4刷

著　者　皆《みな》川《がわ》　明《あきら》
発行者　大沼貴之
発行所　株式会社　文藝春秋

東京都千代田区紀尾井町 3-23　〒102-8008
TEL　03・3265・1211㈹
文藝春秋ホームページ　http://www.bunshun.co.jp

落丁、乱丁本は、お手数ですが小社製作部宛お送り下さい。送料小社負担でお取替致します。

印刷・図書印刷　製本・加藤製本
Printed in Japan
ISBN978-4-16-790063-2

（　）内は解説者。品切の節はご容赦下さい。

明石家さんま　原作
Ｊｉｍｍｙ
一九八〇年代の大阪。幼い頃から失敗ばかりの大西秀明は、高校卒業後なんば花月の舞台進行見習いに。人気絶頂の明石家さんまに出会い、孤独や劣等感を抱きながら芸人として成長していく。
あ-75-1

内田英治
ミッドナイトスワン
トランスジェンダーの凪沙は、育児放棄にあっていた少女・一果を預かることになる。孤独に生きてきた凪沙に、次第に母性が芽生えていく。切なくも美しい現代の愛を描く、奇跡の物語。
う-37-1

尾崎世界観
苦汁１００％　濃縮還元
初小説が文壇を驚愕させた尾崎世界観の日常と非日常。文庫化に際し、クリープハイプ結成10周年ライブがコロナ禍で中止になった最中の最新日記を大幅加筆。苦味と旨味が増してます！
お-76-2

尾崎世界観
苦汁２００％　ストロング
尾崎世界観の赤裸々日記、絶頂の第2弾。文庫化にあたり「芥川賞候補ウッキウ記」2万字書き下ろし。「情熱大陸」に密着され、『母影』が芥川賞にノミネートされた怒濤の日を加筆。
お-76-3

桂　米朝
落語と私
東京落語と上方落語のちがい、講談・漫談とのちがい、女の落語家は何故いないか等々、当代一流の落語家にして文化人である著者が落語に関するすべてをやさしく語る。　（矢野誠一）
か-8-1

春日太一
あかんやつら　東映京都撮影所血風録
型破りな錦之助の時代劇から、警察もヤクザも巻き込んだ『仁義なき戦い』撮影まで。熱き映画馬鹿たちを活写し、東映の伝説秘話を取材したノンフィクション。　（水道橋博士）
か-71-1

春日太一
美しく、狂おしく　岩下志麻の女優道
娘役から極道まで、医者志望の高校生が徐々に女優という仕事に取り憑かれていく——時代を先取りした仕事論であり、美の下に滲む狂気が迫る濃厚な一冊。文庫版インタビューも収録。
か-71-4

（　）内は解説者。品切の節はご容赦下さい。

川村元気
仕事。
山田洋次、沢木耕太郎、杉本博司、倉本聰、秋元康、宮崎駿、糸井重里、篠山紀信、谷川俊太郎、鈴木敏夫、横尾忠則、坂本龍一——12人の巨匠に学ぶ、仕事で人生を面白くする力。

か-75-2

川村元気
理系。
世界を救うのは理系だ。川村元気が最先端の理系人15人と語った未来のサバイブ術！　これから、世界は、人間は、どう変わるのか？　危機の先にある、大きなチャンスをどう掴むのか？

か-75-4

樹林　伸
東京ワイン会ピープル
同僚に誘われ初めてワイン会に参加した桜木紫野。そこで織田一志というベンチャーの若手旗手と出会う。ワインと謎多き彼の魅力に惹かれる紫野だったが、織田にある問題がおきて……。

き-47-1

堺　雅人
文・堺雅人
大きな話題を呼んだ、演技派俳優の初エッセイ。文庫版では蔵出しインタビュー&写真、作家・宮尾登美子さんとの「篤姫」対談や、作品年表も収録。役者の「頭の中」っておもしろい。

さ-60-1

水道橋博士
藝人春秋
北野武、松本人志、そのまんま東……今を時めく芸人たちを、博士ならではの鋭く愛情に満ちた目で描き、ベストセラーとなった藝人論。有吉弘行論を文庫版特別収録。　（若林正恭）
す-20-1

水道橋博士
藝人春秋2
ハカセより愛をこめて
博士がスパイとして芸能界に潜入し、橋下徹からリリー・フランキー、タモリまで、浮き沈みの激しい世界の怪人奇人18名を濃厚に描く抱腹絶倒ノンフィクション。　（ダースレイダー）
す-20-2

水道橋博士
藝人春秋3
死ぬのは奴らだ
水道橋博士生放送降板事件の真相、石原慎太郎と三浦雄一郎の因縁、大阪の猛獣・やしきたかじんの思い出、涙無くして読めないエピローグなど疾風怒濤のノンフィクション。　（町山智浩）
す-20-3